U0262794

金属矿充填固化过程
监测理论与技术

王勇 崔亮 著

科学出版社

北京

内 容 简 介

　　针对金属矿充填固化过程多场性能监测理论及技术研究的需求，本书全面阐述金属矿充填固化过程的多场性能监测方法以及相关理论研究，具体内容包括充填固化过程多场性能的监测方法，多因素条件下多场性能监测案例，多场性能演化规律、作用机理、关联机制，强度-多场性能表征模型，多场性能数值模拟，多场性能原位监测工程实践等，建立充填固化过程多场性能监测理论的学术架构，对未来多场性能的研究方向以及发展趋势进行展望。

　　本书可供采矿工程领域、土木工程领域的相关技术人员和科研人员、高等院校相关专业的师生阅读，也可作为采矿工程专业等相关学科研究生的教学参考书。

图书在版编目(CIP)数据

　　金属矿充填固化过程监测理论与技术/王勇，崔亮著. —北京：科学出版社，2023.1

　　ISBN 978-7-03-071178-6

　　Ⅰ.①金…　Ⅱ.①王…　②崔…　Ⅲ.①金属矿开采-充填法　Ⅳ.①TD853.34

　　中国版本图书馆 CIP 数据核字(2021)第 266089 号

责任编辑：吴凡洁　罗　娟/责任校对：刘　芳
责任印制：吴兆东/封面设计：赫　健

科学出版社出版

北京东黄城根北街 16 号
邮政编码：100717
http://www.sciencep.com

北京中科印刷有限公司印刷

科学出版社发行　各地新华书店经销

*

2023 年 1 月第　一　版　开本：787×1092　1/16
2023 年 1 月第一次印刷　印张：13
字数：308 000

定价：**158.00** 元
(如有印装质量问题，我社负责调换)

作者简介

王　勇　北京科技大学副教授、膏体充填采矿技术研究中心副主任，加拿大渥太华大学访问学者，兼任中关村绿色矿山产业联盟专家咨询中心主任，一直从事金属矿膏体充填与绿色开采研究。先后主持国家重点研发计划课题、国家自然科学基金等科研项目 20 余项。以第一或通讯作者在 *Chemical Engineering Journal*、*Cement and Concrete Composites*、*Construction and Building Materials*、*Powder Technology* 等期刊发表论文 50 余篇；出版中英文专著 3 部、教材 1 部；授权专利 20 余项；以第二完成人发布国家标准 2 项，第三完成人发布团体标准 1 项，团体标准入选工业和信息化部"2022 年百项团体标准应用示范项目"；获中华环保联合会自然科学奖特等奖(排名第一)、中国环境保护产业协会环境技术进步奖一等奖(排名第二)、中国黄金协会科学技术奖一等奖(排名第二)等省部级特等奖 3 项、一等奖 4 项，以及中华环保联合会杰出青年科技奖、全国高校矿业石油与安全工程领域优秀青年科技人才奖和绿色矿山青年科技奖等荣誉。

崔　亮　加拿大湖首大学土木工程系副教授，土木工程研究生专业主任，加拿大注册专业工程师。获加拿大渥太华大学、中国矿业大学(北京)双博士学位。长期从事采矿工程和岩土工程(尾矿、岩石和土壤)中多物理场、多尺度和多相过程的实验测试和数学建模。先后主持多项加拿大自然科学和工程研究委员会基金项目、加拿大高校科研发展基金项目等；发表 SCI/EI 论文 30 余篇；2016 年第一作者文章入选 Elsevier SicenceDirect TOP25，2015 年、2020 年两次获岩土工程国际会议最佳论文奖，2020 年被湖首大学授予教学突出贡献奖，2021 被湖首大学授予年度气候行动奖。

序

我国充填技术发展经历了半个多世纪，从最初的干式充填、水砂充填发展到了 20 世纪 90 年代胶结充填，胶结充填又由低浓度发展到了高浓度、膏体充填技术。充填采矿技术因其"绿色、安全、经济、高效"的优势被我国及世界上众多国家的矿山所采用，该技术完美地解决了"尾矿库"和"采空区"这两大矿山危险源，实现了"一废治两害"的效果。充填采矿技术符合国家生态文明建设理念，中共中央"十四五"规划建议：加快推动绿色低碳发展。充填采矿技术将是金属矿绿色低碳发展的必由之路。

据统计，我国有色金属和黄金系统 90%以上的矿山采用地下开采，这些地下开采矿山中 90%以上的矿山采用充填法。过去几十年，众多学者和研究人员针对充填体力学行为已开展了大量研究，但大多是对其终端强度展开研究，忽略了充填料流固转变、固化过程的力学行为，而过程中的力学行为对于充填体服役过程至关重要，比如流固转变过程是能否进行二次充填的关键时期，强度发展到一定程度采场便可以进行连续充填，强度继续发展，便可以进行二步骤采场揭露。目前来讲，这些过程的时间节点普遍偏于保守，其根源在于充填体固化过程性能监测理论和技术的匮乏。长期以来，充填体固化过程性能研究的重要性被忽略，导致充填体固化过程中的"黑箱"无法被揭开，严重影响采充策略的精准制定及充填成本的节约。

实际上，充填体固化过程是多场性能同时演绎的复杂行为，且这些行为并非孤立存在，连接各性能之间的核心纽带为"水化反应"，基于此，《金属矿充填固化过程监测理论与技术》一书在充填体固化过程中的多性能之间建立关联，研究思路由传统的充填体"终端强度"向"过程性能"转变，引入"过程性能"连续监测技术手段，从实验装置研发、监测技术制定、理论模型构建、全域数值模拟及矿山工程实践等方面较为系统地进行阐述，对充填固化过程的多场性能演化规律、发生机理、关联表征进行了深入研究。

该书对于解决充填固化过程认识不清、固化理论匮乏、监测技术短缺、固化过程数值仿真局限等问题具有重要意义，可为缩短采充周期、确保充填体结构安全、实现矿山精准充填和精准开采提供有力支撑，同时也丰富了充填理论体系。

2022 年 11 月

前言

矿业形势发展日新月异，采矿科学技术也在不断创新。矿业正朝着绿色化、深部化、智能化的方向发展。充填采矿技术因其"绿色、安全、经济、高效"等特点被越来越多的矿山企业所采用，同时也是国家极力推行的采矿技术，该技术符合国家可持续发展的理念及国家建设绿色矿山的要求。

充填采矿技术在我国的金属矿得到了广泛的应用，但是其相关理论的研究还较为薄弱，制约着充填采矿工艺和技术的发展。充填采矿技术中最关键的指标就是充填体强度，目前针对充填体力学研究主要聚焦于其终端强度和力学行为，对于充填固化过程的重视和研究较为匮乏，充填固化过程是一个动态的变化过程，其是热-水-力-化多场性能不断演化、相互促进、相互制约的综合体现。因此，亟须对充填固化过程的多场性能的监测技术和相关理论开展研究。

本书阐述了金属矿充填固化过程多场性能监测理论和应用的研究成果，其主要内容包括充填固化过程监测学术架构的提出、不同影响因素条件下(初始温度、质量浓度、灰砂比)充填固化过程多场性能的监测技术和相关理论研究、多场性能演化规律和发生机理研究、多场性能关联机制、充填体强度-多场性能表征模型、多场性能数值模拟研究和工程应用等，并对未来充填固化过程多场性能的发展趋势进行了展望。

本书主要面向充填采矿相关领域的科研人员、设计人员及工程技术人员，对于充填采矿领域、土木工程领域等具有重要的参考价值。本书旨在推行固化过程多场性能监测方法和相关理论研究，进而完善充填采矿工艺和理论，促进绿色矿山和智能矿山的建设。本书既可以用于科学研究，对工程实践及科研教学也具有重要意义。

本书是作者十余年研究成果的集成，涵盖了室内实验、理论分析、数值模拟、工程应用，形成了较为系统的金属矿充填固化过程监测理论与技术。本书由北京科技大学王勇副教授、加拿大湖首大学崔亮副教授主笔，参与本书完成工作的还有作者学生王珍岐硕士、毕成博士、那庆硕士、杨钢锋硕士、曹晨硕士、张连富博士、李健硕士、王林奇硕士等。在此，要特别感谢中国工程院彭苏萍院士，北京科技大学吴爱祥教授、王洪江教授、王贻明教授、尹升华教授、李翠平教授、王少勇高工、阮竹恩老师，加拿大渥太华大学 Mamadou Fall 教授，丹麦奥胡斯大学魏宗苏教授，安徽马钢罗河矿业有限责任公司王宏喜董事长、高义军总经理、刘彦军副总经理、郑威矿长、王忠强副矿长、赵华民副矿长、刘康主任、袁锦锋主任，中关村绿色矿山产业联盟秘书长王亮教授等领导和专家对本书出版给予的宝贵建议和大力支持。还有本书参考引用的相关学者、专家，在此深表谢意！

　　本书内容所涉及的相关研究项目主要包括：国家自然科学基金项目［全尾砂胶结膏体固化过程热-水-力-化多场性能响应机制及协同表征(51804015)］、中国博士后科学基金项目［温度效应下膏体固化过程多场性能演化机制及协同表征(2017M620622)］、中国矿业大学(北京)深部岩土力学与地下工程国家重点实验室开放基金课题［全尾砂膏体流固转化和力学发展过程基质吸力演化机制及数值仿真(SKLGDUEK2127)］；中央高校基本科研业务费项目(青年拔尖人才培育项目)(膏体流固转化及力学发展过程原位监测及发生机理研究)、中央高校基本科研业务费人才引进项目(尾废渣膏体充填料固化过程多场性能一体化检测-关联-表征机制)、安徽马钢罗河矿业有限责任公司横向课题(罗河铁矿高大采场充填挡墙高效构筑技术及充填策略优化研究)等。在此，感谢上述项目对本书研究和出版过程给予的经费支持。

　　由于作者知识与水平有限，书中难免存在疏漏之处，敬请同行专家、广大读者批评指正。

作　者

2022 年 8 月于北京

目 录

第1章

绪　　论

采矿业作为国家经济发展的生命补给，在国民经济以及工业化道路上具有举足轻重的地位，以中国的矿产品消耗能力为例，截至 2019 年底，中国的天然气、锰、铝等 34 种重要矿产资源储量提升，10 种有色金属、黄金及水泥等产量和消费量持续居世界首位（自然资源部，2020）。同时，采矿业作为一项古老的行业，经历了一个较长的技术变革和发展历程，最终形成了较为完整的工艺路线和技术体系。从采矿的发展历程角度来说，采矿业经历了从古代低效率的露天开采进入浅地表的地下矿山开采，再到目前广泛机械化的高效率开采以及未来的智能、绿色、超高效矿山开采；从采矿技术和采矿工艺发展的角度来说，形成了以崩落法、空场法和充填法为主的三大类采矿方法，同时伴随溶浸采矿、智能开采技术、小行星采矿及太空采矿等新兴采矿技术和工艺的蓬勃发展；从采矿工艺与环境保护的角度来说，采矿工艺从最初的以牺牲环境为代价的大肆开采阶段进入以保护环境为目的的绿色、经济、低碳的开采阶段；从采矿安全的角度来说，由最初依赖大量人工开采和安全管理极不完备的开采工艺向具备机械化、智能化和完备的安全管理监测系统的采矿工艺的方向发展，保障了矿山的安全高效生产。

采矿的过程会对环境造成极大的破坏，对于金属矿山的开采，尾矿库与采空区是目前业界公认的两大危险源。我国矿山现有地表尾砂总量 146 亿 t（中国国土资源经济研究院，2016），占大宗工业固废总量的 46%，侵占土地 1300 多万亩[①]，不仅造成重金属离子迁移、尾矿库溃坝等生态威胁（国家安全监管总局等七部门，2013；张家荣等，2016），还威胁人们的生命安全，如 2008 年山西襄汾尾矿库溃坝，死亡 277 人，如图 1-1 所示；海量尾矿地表堆放的同时，还在井下遗留了约 12.8 亿 m^3 的采空区，使得地表塌陷、井下垮冒等安全事故频发，如 2013 年湖北鄂州某铜铁矿井下采空区发生垮塌，塌陷面积约 4500m^2（相当于 11 个篮球场），塌陷深度约 30m（相当于 10 层楼），如图 1-2 所示。传统的采矿方法会对环境造成破坏以及给生产安全带来巨大的威胁，需要对采矿方法进行改进，使其对环境及安全造成的危害降至最低。从国家层面来讲，国家主张建立"资源节约型，环境友好型"的可持续发展的资源经济体系，并提出了力争于 2030 年前实现碳达峰和 2060 年前实现碳中和的目标；同时，新出台的《矿产资源法》增加了矿山生态环境保护和修复以及矿业用地的有关规定。所以，采矿技术是随着社会经济的发展而更新和改进的，采矿技术的发展既要满足国家的经济发展需求，也需要兼顾环境保护、资源协调等相应的社会责任。

---

① 1 亩≈666.67m^2。

图 1-1　襄汾尾矿库溃坝现场

图 1-2　湖北某矿区采矿导致地表塌陷

1.1　充填采矿技术的发展历程

尾矿库和采空区是金属矿山的两大危险源,充填采矿法可以从源头上解决以上两个矿山危险源,充填采矿法最大的优势是可以有效控制围岩应力,保证开采安全;同时,可以提高矿石回收率,具有较好的经济效益(郭文兵等,2005;丁德强,2006;姚中亮,2010)。充填采矿法是在伴随落矿、运搬以及其他作业的同时,用选厂产生的尾砂等废弃物作为充填料充填至采空区的采矿方法(吴爱祥等,2011)。充填采矿法使得有用资源开采之后,其余固废"完璧归赵",可协同解决矿山尾砂生态污染和采空区安全问题这两大"顽疾",从而达到"一废治两害"、绿色开采的效果。

随着人们对资源需求量的不断增加,金属采矿技术也得到较快发展。在发展的同时,更加注重环保和安全,尤其是充填采矿法,在最近几十年中发展最快(孙豁然等,2003;何哲祥等,2008;秦豫辉和田朝晖,2008)。依据所用充填的材料不同,充填采矿法的发展经历了以下几个阶段:干式充填法、水力充填法、胶结充填法(许新启和杨焕文,1998)。其发展过程主要体现为两个变化:一个变化是由非胶结充填发展为胶结充填,另一个变化则是从低浓度自流充填发展到高浓度(膏体)泵送充填。

充填采矿技术在我国的发展历程可以分为四个阶段(刘杰,2020)。第一阶段是 20世纪 50 年代在我国的一些矿山开始使用干式充填采矿法进行矿山开采,但是由于干式充填采矿方法对劳动力有较大的需求,而且生产力较低,干式充填已经逐渐被其他充填方式所替代;第二阶段是 20 世纪 60～70 年代所采用的以水砂充填和胶结充填为主的充填方式;第三阶段主要是以胶结充填为主的充填方式,胶结充填主要采用碎石、河砂、尾砂或戈壁集料为骨料(有时会掺入块石),与水泥或石灰类胶结材料混合,与水拌合最终形成浆体或膏体,利用重力自流或管道泵送方式将充填体输送到空区进行充填(刘同有和蔡嗣经,1998);第四个阶段主要是以高浓度的膏体料浆进行充填的膏体充填技术,膏体充填技术是安全和环境双重要求下的产物,是代表胶结充填的最新技术水平(孙豁然等,2003;王湘桂和唐开元,2009)。随着胶凝材料的选择越来越多,以及各种化学添加剂的参与,胶结充填迎来了快速发展的新局面(刘同有和周成浦,1995;周爱民,2006)。此外,随着浓密设备、泵送设备、分级设备等充填有关装备的日臻完善,胶结充填出现了高水速凝固化充填、分级尾砂、全尾砂胶结充填、全尾砂高浓度胶结充填、膏体充填等多种充填技术并存的局面(周爱民,1999;李冬青,2001)。

1.1.1　国外充填技术发展历程

充填采矿技术作为采矿方法的主要发展方向,正被国内外矿山所广泛应用。20 世纪70 年代末,充填技术起源于德国巴特格伦德(Bad Grund)铅锌矿(Yilmaz et al.,2004),并迅速在澳大利亚、加拿大、南非、奥地利、英国、摩洛哥、俄罗斯、葡萄牙和美国等许多国家的金属矿山推广和使用(刘同有和蔡嗣经,1998)。如美国的幸运星期五(Lucky Friday)铜铅锌矿,加拿大的多姆(Dome)金矿,澳大利亚的依鲁拉(Elura)和奎河(Que River)铅锌矿,南非的兰德方丹(Randfontein)以及奥地利的布莱贝格(Bleiberg)铅锌矿,摩洛哥的哈贾尔(Hajar)铜矿等。

在加拿大,充填采矿技术已有近百年的历史(郑保才,2006)。1962 年加拿大 Food 矿首次采用尾砂和水泥胶结充填,在 1985～1991 年,加拿大在充填材料、充填工艺方面的研究取得了很大成就。其中全尾砂膏体充填技术于 1993 年在加拿大得到进一步发展,这种工艺目前仍在继续使用,尤其是地下硬岩条件的矿山几乎都是采用充填采矿法(李宏泉和方理刚,2004)。这一技术的应用不仅提高了矿山的综合生产能力,降低了充填成本,还改善了井下的生产环境。

在澳大利亚,20 世纪 60～70 年代,芒特艾萨(Mount Isa)矿开始应用尾砂胶结充填,并与新南威尔士大学矿业学院合作,成功研究出了低成本胶结充填技术(郭文兵等,2005)。1997 年 8 月,大型地下矿山坎宁顿(Cannington)矿率先采用膏体充填系统;1998

年底，在采深为 3500m 时，芒特艾萨矿业公司建成膏体充填系统(王新民等，2006)。随后该充填技术在澳大利亚得到推广，陆续有十几个金属矿山建立了膏体充填系统(斯基勒斯等，1998)。

在美国，早在 20 世纪 80 年代后期，美国矿务局就开始了全尾砂充填体强度的研究，以及膏体输送泵模拟装置、充填体和矿柱现场测量仪表的研制，并进行充填体稳定性的计算机模拟。之后，很快在南达科他州的霍姆斯特克(Homestake)矿和希拉克(Helca)采矿公司幸运星期五矿成功试车了高浓度全尾砂充填技术(刘殿华和吴贤振，2012)。

在南非，20 世纪 80 年代初期就有许多矿山开始应用胶结充填工艺。可以说，整个 80 年代是南非充填工艺发展最快的时期，也就是这个时期，膏体充填的研究和应用开始流行(王五松，2004；肖广哲等，2010)。矿体开采深度逐年增加，使得南非许多矿山开采深度已经达到 2000m 以上(韩朝军和李延东，2006)。其中，Anglogold 有限公司西部深水平金矿，采矿深度达到 3800m。开采深度的增加对空区围岩控制提出了更高的要求，正因如此，膏体充填采矿技术也被南非许多深部矿山广泛应用，并逐渐成为既定工艺和最为主要的支护方法。

1.1.2 国内充填技术发展历程

我国充填工艺技术起步虽然较晚，但发展迅速(于润沧，2011)。20 世纪 80～90 年代，我国对全尾砂充填进行了较多研究。其中，80 年代，国内外主要采用分级尾砂充填法(黄志伟和张炳旭，2004)。分级尾砂充填一般利用+37μm 的尾砂，其尾砂利用率一般在 50%左右(谢龙水，2003)。这种方法最大的问题是剔除一半的细颗粒尾矿，这些剔除出来的尾砂在尾矿库依然会造成环境和安全问题。与分级尾砂充填相比，全尾砂充填工艺相对简单，并且可以真正减少尾矿地表堆存的压力，尤其适用于地表不能建尾矿库、充填料来源不足、尾砂中含有害物质需要处理的矿山(王方汉等，2004；张淑会等，2005；吴爱祥等，2011)。

1990 年，凡口铅锌矿建成我国第一个全尾砂胶结充填系统，其尾砂利用率达 90%以上，自流输送的充填料浓度可达 70%～75%。20 世纪 90 年代，相继在南京栖霞山铅锌矿和济南张马屯铁矿推广应用，且已实现了无尾矿排放。1999 年 8 月，金川公司建成了我国首个膏体泵送充填系统，充填料浆由全尾砂、棒磨砂、碎石构成，粗骨料的添加改善了料浆的流动性，提高了充填浓度(陈长杰和蔡嗣，2001；王新民和肖卫国，2002；江文武，2009)，充填工艺流程如图 1-3 所示。该套系统采用德国施维英公司生产的专用充填泵，其泵送压力达 13MPa，充填能力为 100m³/h，并自主研发了双轴连续搅拌机。充填浓度达到 82%，水泥平均用量 280kg/m³，充填体强度在 4MPa 以上(李云武，2004)。

2002 年，云南会泽铅锌矿开始进行充填技术工业试验研究(吉学文和严庆文，2006)，于 2006 年试车成功，正式开启全尾砂充填技术应用。该系统是我国第一套以深锥浓密机为核心的充填系统，充填料浆浓度达到 78%，尾砂零排放，并首次将冶炼用的水淬渣用于井下充填，既提高了充填体强度又减少了冶炼固体废弃物的排放。矿山充填深度达 1600m，矿山充填能力为 60m³/h，水泥单耗 180kg/m³。在此充填系统中，为避免传统带

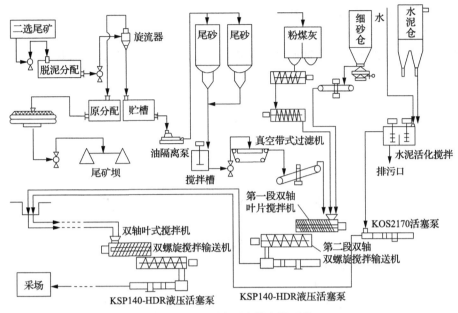

图 1-3　金川公司膏体充填系统

式真空过滤机工艺中尾砂脱水后再加水的重复操作，率先采用了新型膏体浓密机来制备高浓度尾砂浆。水泥经水泥仓底部双管螺旋输送机输送到一段搅拌机，在此与尾砂、水淬渣混合形成高浓度料浆。该矿在水泥添加方式上成为我国第一个地面干式添加水泥的充填矿山，简化了充填系统，省去了水泥专用管路及专用添加装置，如图 1-4 所示。整个系统只有一条膏体料浆管路，降低了管理难度。可以说，会泽充填系统的成功应用，是我国充填技术发展的又一次革命。

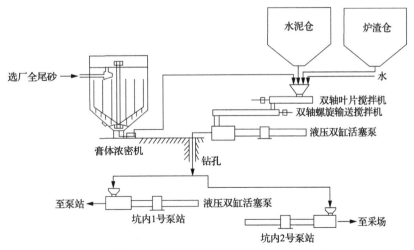

图 1-4　云南会泽铅锌矿膏体充填系统

　　有色金属矿山因其开采条件复杂、品位高、矿产品产值大，一直是充填技术强有力的推行者。近年来，随着充填采矿技术的发展，高浓度(膏体)充填采矿技术在铁矿山也逐渐推广开来。充填成本的下降和充填技术的不断革新促使高浓度(膏体)充填技术在铁矿中的应用成为一种趋势,如大红山铁矿、周油坊铁矿、司家营铁矿、张马屯铁矿、会宝岭铁矿、郑家坡铁矿、莱新铁矿、马庄铁矿、石人沟铁矿等矿山均采用高浓度(膏体)充填技术进行矿山开采。除此之外,由于复杂的开采条件及尾矿库排放限制,充填采矿技术也获得了非金属矿的青睐,如开阳磷矿、黄梅磷矿等。

综上所述,充填采矿技术在国内外的应用正处于蓬勃发展的阶段,具有非常广阔的应用前景。

1.2 金属矿充填固化过程研究的重要性

据统计,我国有色金属和黄金系统 90%以上的矿山采用地下开采,这些地下开采矿山中 90%以上的矿山采用充填法。这就意味着巨大的采空区将填充海量的充填料,而这些充填料浆一旦进入空区,便开始了"黑箱"养护时代,其固化过程复杂,且无法预见、无法调控,严重影响了采矿安全和效率。传统的充填固化效果评价依赖室内终端强度和工程经验,一般都是对某一特定养护龄期的充填体进行强度测试。而实际矿山开采,因采矿方法不同,充填体需要具有自立、支撑围岩等功能,且采场揭露时间不尽相同。若无法认清充填料固化过程的力学发展情况,而只是停留在某一特定龄期研究,则对于采场结构安全的实时评价和采充策略的及时调整等非常不利。为此,研究充填料固化过程对于采场充填体结构安全及采充策略个性化制定具有重要意义。

充填料浆是一种多相、多尺度的水泥基材料,其固化过程实际是水泥材料化学反应的过程,该反应过程伴随着水化放热、反应耗水、孔隙结构改变、基质吸力演化等现象发生,而充填料固化强度的获得也主要依赖大量水化产物的产生。可见,充填料固化强度和固化过程性能演化均与其水化反应有关。

抗压强度代表充填体的主要力学性能,充填到采场的充填体主要的目的是控制地压,这就要求充填体的强度需要满足采矿工艺的要求。影响充填体强度的因素较为复杂,有自身属性影响,也有外部环境因素的影响,如温度、灰砂比、料浆浓度、颗粒级配、滤水条件和养护时间等。目前,大多数研究只是针对以上因素对充填体终端强度的影响,没有考虑这些因素对充填料固化过程多场性能演化的影响,所以传统的研究主要通过对比充填体的终端强度来表征相应因素的影响效果,忽略了不同影响因素下充填料固化过程中内部性能演化规律和表征的研究。因此,对充填料的固化过程进行研究具有重要意义,体现在以下四个方面。

(1)有利于拓展矿山充填基础理论。充填技术虽在我国起步较晚,但发展迅猛。目前,工信部、生态环境部、应急管理部、自然资源部均将充填技术列为先进技术或推广新技术。相比其应用广度来讲,理论研究深度还有些滞后。本专著以金属矿充填料为研究对象,系统开展充填料固化过程性能演化机制及数值仿真研究。专著引入土力学、无机非金属材料学、化学、岩石力学和计算机等多个学科基础理论,属于多学科融合交叉,对拓展充填采矿理论基础具有重要意义。

(2) 突破了充填固化过程多场性能难以监测的技术难题。充填料一旦充填到空区之后，便开启了"黑箱"养护时代，其固化过程复杂，且无法预见、无法调控。通过研究充填料固化过程的多场性能演化规律及其与强度之间的关系，捕获充填料固化过程中多指标演化规律，将这些规律用数学模型协同表征出来，在今后的工程实践中为充填料固化过程的监测服务，从而突破全尾砂胶结充填料固化过程无法监测的技术瓶颈，为实际采场充填料固化过程"透明"养护提供技术原型。

(3) 积极助力矿山充填系统的智能化建设。智能矿山是矿山未来发展的一个重要方向，国内外都在加紧智能矿山的研发与建设工作。未来的充填系统也会向着智能化、数字化的方向发展，提高充填系统的充填效率、充填精度、充填效果等。矿山充填系统智能化的建设依赖现有的一些具有数据集成、数据传输、数据分析的元器件以及软件来实现，本专著利用国际领先的传感器和数据分析软件对充填料固化过程相应的热、水、力、化等行为进行同步连续数据监测、采集和分析。这是一种智能化的研究思路，对智能化充填系统及智能化矿山的建设具有重要意义。

(4) 在我国海量金属矿充填固化效果评价方面应用前景广阔。我国金属矿开采遗留大量尾砂，其最主要的利用途径之一为采空区充填。本专著的核心思想为服务于采空区充填体固化过程和力学演化评价，为矿山充填配比精细化和采充策略精准化提供重要依据，同时可为采矿过程中的充填体安全保障提供技术支撑。因此，本专著成果在我国金属矿山具有广阔的工程应用前景。

1.3 金属矿充填固化过程研究与应用现状

1.3.1 金属矿充填固化过程理论研究与应用现状

鉴于国家战略需求和明显的技术优势，全尾砂充填技术在我国应用越来越广（吴爱祥和王洪江，2015），但是金属矿充填基础理论研究远滞后于其应用速度。尤其是当到达采场之后，其固化过程难以预测和调控，力学特性无法表征，使得充填体安全性无法保证，对金属矿充填固化过程进行研究是当前充填采矿理论研究的一个重要热点。

目前，国内针对充填料固化过程的研究较少，主要采用终端强度来表征其固化效果。虽然国内学者研究了集料构成、水泥掺量、质量分数、粒级组成等因素对充填料固化性能的影响（赵才智等，2006；张新国等，2012；吴祥辉等，2014；饶运章等，2016；张钦礼等，2016；王新民和赵建文，2016），但都是采用简单的单轴抗压强度来表征其强度，无法对空区充填料固化过程和效果进行评价。并且当充填料到达采场后，现场取样进行强度测试难度较大，导致充填料浆到达采场后固化强度完全依赖室内实验结果和工程经验，无法科学指导矿山采充方案制定。国外有学者认为充填料是一种以尾砂为载体的水泥基材料，传统的单轴抗压强度提供的信息有限（Vergne，2000；Abdul-Hussain and Fall，2012），不能帮助设计者全面理解水化反应过程和影响因素。Fahey 等（2007）研究认为充填料在固化过程中，其孔隙水压力会随着固化时间发展明显变化；Célestin 和 Fall（2009）

对充填料养护过程中的传热系数进行了研究，表明充填体的物相组成、养护温度和养护时间均会影响其热力学的作用过程；Fall 和 Samb（2006）的研究表明，养护温度会对充填料的固化过程产生明显影响，主要体现在充填体的耐用度、强度和孔隙结构等；Wang等（2022）发现，不同灰砂比对与充填体固化过程的基质吸力、体积含水率、电导率等性能会产生较明显的影响，最终影响充填体的强度。Yilmaz（2010）的研究表明，充填料在养护过程中电导率也会随着固化时间而发生变化，且水泥添加量的多少对其影响尤为显著。充填料在固化过程中必然伴随着水化反应的进行，水化反应过程会在充填料内部产生传热、渗流、力学、化学等行为，最终使其固化过程中热-水-力-化（thermo-hydro-mechanical-chemical, THMC）性能产生响应，其耦合作用过程如图 1-5 所示。

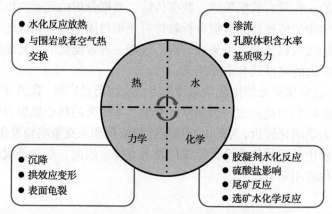

图 1-5　全尾砂充填料固化过程中热-水-力-化性能耦合作用示意图

（1）传热过程。充填体在养护过程中，其内部胶结剂的水化反应会放出大量的热；由于地热梯度的存在，地下深部的围岩温度往往很高，因此充填体也会与其周边的围岩发生热交换。当然，不同温度下的充填体也会与围岩发生热交换，且这一过程发生的时间长短直接影响充填体强度的发展。

（2）渗流过程。充填体的水力学特性主要包括其饱和度和渗透性等，这些因素会影响充填体的强度、耐久性和环境特性。这是因为充填体的饱和度越低，其水分含量越少，强度则越高。而充填体的渗透性越低，则说明其耐久性越好，从其内部排出的酸性废水也就越少，越有利于井下环境。实际上，充填料浆内部水分早期的迁移和孔隙水压力分布与充填挡墙拆除时间具有直接关联（Abdul-Hussain，2010；Abdul-Hussain and Fall，2012）。

（3）力学过程。充填体在矿井下起到支撑矿岩的作用，对于保证矿山安全生产以及回收矿柱都至关重要，因此充填体必须具备一定的力学强度及稳定性才能很好地发挥其作用。单轴抗压强度是评测充填体力学稳定性最直观、简便，也是最常用的指标。并且土力学中基质吸力的概念逐渐引起研究者的注意，他们认为，基质吸力的增加会使充填料内部有效应力增加，这对充填料从浆体状态变为硬化状态非常重要（Helinski et al., 2006；Pokharel and Fall，2013）。

（4）化学过程。充填料浆是水泥等胶结剂、尾砂和水的混合物，因此胶结剂与水接触便会发生水化反应，而尾砂的化学组成（如硫酸盐和硅酸盐等）也会影响料浆和充填体的特性。水化反应度是用来表征胶结剂水化反应强度的一个重要指标，研究表明(Célestin and Fall，2009)，胶结剂的类型和含量，以及水化反应度在很大程度上影响了充填体的强度。另外，硫酸根离子对于充填体的长期强度将造成不利的影响(Fall et al.，2005)，硫酸盐侵蚀可以造成充填体内部裂缝发展，并因此危害其稳定性。电导率可以反映充填体内部离子联盟状态，进而了解水化反应进程。

1.3.2 金属矿充填固化过程监测技术研究现状

目前，大多数室内实验都是通过进行充填体柱实验模拟真实的采场，并利用传感器对充填体固化过程多场性能(基质吸力、体积含水率、电导率和温度等)随养护时间的变化规律进行数据采集，通过后期传感器数据分析以及微观分析等手段对不同影响因素条件(初始温度、灰砂比、质量浓度、养护温度等)下充填体固化过程内部性能进行研究。

在国外，早在十多年前，Fahey 等(2007)在研究充填体固化过程中发现，其基质吸力会随着固化时间发生明显变化；Abdul-Hussain 和 Fall(2012)采用实验柱研究了排水和不排水情况下充填体内部基质吸力和单轴抗压强度等性能的演化。可以说，该研究是针对全尾砂充填体充填水-力耦合行为开展的实验研究，着重分析排水、不排水对充填体多场性能的影响。Ghirian 和 Fall(2013，2014)采用直径 20cm、高度 150cm 的实验柱，对充填体养护过程中物理性能、温度、导水率、基质吸力、单轴抗压强度、孔隙水化学成分等进行测试和监测。这些研究对本书有一定的参考意义，但并没有聚焦于基质吸力的研究，研究的初衷也并非原位力学演化。

其中，Ghirian 和 Fall(2013)以保温不排水的充填体实验柱为研究对象，该实验分两个阶段进行研究，第一阶段主要研究充填体物理、力学和传热等过程的耦合作用。结果表明，充填体的物理性质，如孔隙比(孔隙率)、含水量和饱和度随时间和高度变化很大；充填顺序可以影响充填体的力学特性，例如，导水率和基质吸力的演变，水从实验柱上部向下部的渗流作用影响了基质吸力的发展；表面蒸发会影响充填体结构的水力、力学和物理性能，在充填体柱实验中，拉伸应力的发展导致充填体表面的干燥收缩。第二阶段主要研究充填体内部的力学、化学和微观结构等热-水-力-化耦合作用。充填体的力学性能与实验柱内水泥水化反应引起的温度变化以及自干燥行为有关，水化反应及自干燥行为的不断进行引起基质吸力的不断发展，进而促进单轴抗压强度的提高。随时间变化的离子浓度监测结果等化学分析表明，孔隙流体中离子浓度的变化会促进孔隙的细化，从而改善水力、力学性能以及充填体的微观结构演变。该研究所获得的结果支持了热-水-力-化多场性能耦合作用，但是该研究并未考虑充填体上覆岩层压力对热-水-力-化多场性能耦合行为造成的荷载影响。考虑到这个问题并且为了研究充填料早期的热-水-力-化耦合行为，Ghirian 和 Fall(2015)在充填体实验柱的基础上开发了一种压力传感器，该传感器有助于模拟接近真实采场条件下的充填体。所得结果表明，热-水-力-化行为取决于充填体中的胶结剂水化过程，水化作用和充填体的多场性能可以明显改变充填体的物理力学特性。

继而，Ghirian 和 Fall(2015)对充填体养护过程中多种性能进行测试和监测，研究了单一配比条件下充填体固化过程中热-水-力-化多场性能演化规律；并且利用实验对比研究了人工尾砂和天然尾砂不排水固结早期阶段热-水-力-化多场耦合作用，监测了 7d 的基质吸力,但未对基质吸力的变化和影响机理进行深入分析。进一步地,Ghirian 和 Fall(2016)研究发现,排水、养护压力、养护时间和充填速率对充填体材料的力学和变形行为有影响,其中基质吸力与固结、排水的耦合作用有助于充填体在给定养护压力作用下的强度发展;固结作用下施加的压力和基质吸力发展引起的颗粒重排对充填体的强度增加有重要影响。

在充填体固结过程基质吸力表征和测量方面,Witteman 和 Simms(2017)开发了一种用于模拟水合材料中不饱和流动的理论,发现基质吸力会受到随时间变化的持水曲线和含水量变化的影响,论证了孔隙介质持水能力对基质吸力的重要影响。2014 年,Yilmaz 等(2014)通过在充填体料浆内安装传感器,研究了充填体在带有压力情况下的竖直位移、孔隙水压力、温度和电导率等性能演化特征,这对于基质吸力的监测提供了一定的理论和实践指导。利用该装置,Yilmaz(2015)发现尾矿在干表面上沉积后,表面基质吸力造成孔隙水快速向底部移动,上层排水速度加快并可能导致裂缝发生,并且不加胶结剂的尾矿料浆干燥后裂隙越深、越大。此外,Suazo 等(2016)发现使用不同的测试技术,测得的固体水化固结过程中的基质吸力和持水曲线有差异,并发现随着水泥水化程度的提高,充填体的持水能力由低吸水向高吸水连续演化。

在基质吸力及孔隙水压力的数值仿真方面,Helinski 等(2007)利用太沙基有效应力原理推导出饱和态充填体的孔隙水压力随水化反应变化的解析解,并应用于流态充填体的非排水固结研究中。Fahey 等(2010)利用 Gibson 闭合解分析充填过程中产生在流态充填体中的超孔隙水压并应用于流态充填体的排水固结分析中。但由于推导闭合解过程中采用的强假设(如非变量材料属性、单一非耦合物理场、稳态控制方程等),解析法在充填体应力分析及设计过程变得很有局限性。为提高对充填体力学行为及演化的预测精度,数值法求解部分耦合模型逐渐得到重视。如 Witteman(2013)采用理查德方程描述非饱和固态充填体中的基质吸力变化,并讨论了基质吸力随充填体养护时间的变化。Jaouhar 和 Li(2019)利用 SIGMA/W 软件求解水-力耦合模型,并分析了挡墙排水对充填体孔隙水压的影响。虽然充填体孔隙水压及基质吸力的数值仿真极大程度上深化了对充填体液态和固态力学演化的理解,并丰富了相应的研究手段。但由于孔隙介质进气值的存在,基质吸力可同时存在于饱和及非饱和态充填体中。这就意味着只有对充填体流固转化全过程进行定量分析,才能揭示充填体基质吸力的完整演化过程及其对充填体力学演化的影响。但现阶段充填体数值仿真未涉及流固转化和力学发展全过程的基质吸力变化。

总结国内外学者的研究可发现,基质吸力是充填体固化过程中一个重要的表征参数这一结论得到大家的广泛认可;学者对基质吸力的监测理论、监测试验手段、设备进行了有益的探索,并将其应用到多场耦合条件下充填体固结过程中基质吸力变化规律和影响机理的研究中,为本书的研究提供了较好的参考。

实际上,我国学者近年来也对充填体养护过程中基质吸力的发展广泛关注,并取得了卓有成效的研究。Wu 等(2016, 2018)以煤矸石-粉煤灰充填体为研究对象,研究了热、水、化三场耦合作用对其的影响,提出了一个数值模型用以模拟该过程,但涉及变量较少,未对基质吸力给予足够重视;针对此缺陷,后来又开发了针对粉煤灰-煤矸石充填的多场耦合固结模型,其中水力学过程考虑到了基质吸力的变化,开发的含基质吸力参数的模型能够较好地指导粉煤灰-煤矸石充填的设计和强度预测。

Cui 和 Fall(2016，2017a)对不同应力、充填速率和排水条件下的充填体基质吸力、温度和电导率进行了监测，并对这几种因素耦合作用下充填体的力学、孔隙结构和热力学特征进行了研究，并基于试验结果提出了固态充填体的热-水-力-化耦合模型来预测固态充填体温度、基质吸力、应力变化及相应的充填材料属性的演化。但该模型未涉及充填体流固转化及相关的孔隙水压及基质吸力变化的研究。Lu 和 Fall(2018)提出了基于充填体弹黏塑性本构模型的热-水-力-化耦合模型，并对充填体受动载作用下的超孔隙水压及液化现象进行了数值仿真。

Wang 等(2017)探索了不同初温条件下充填体基质吸力演化规律，获得了基质吸力随养护时间和初始温度的演化规律，并通过 X 射线衍射(X-ray diffraction, XRD)和差热分析(differential thermal analysis, DTA)等细观分析揭示了充填体基质吸力演化内因和高温情况下基质吸力"逆增交叉现象"。Wang 等(2017)还实验研究了养护 28d 的充填体的水力特征和力学性能的关系，发现了基质吸力增加与体积含水率线性降低和单轴抗压强度的非线性增加规律，证明了含基质吸力参数在内的充填体的水力特性和力学性能发展有很强的关联作用。

Li 和 Fall(2016，2018)实验监测发现硫酸盐对充填体基质吸力有影响，进而影响充填体试样的早期(1d、3d、7d、28d)强度和固结进程。进一步地，还监测了不同初始硫酸盐浓度下掺有矿渣充填体试样在固结过程中的基质吸力和电导率的变化，但侧重于研究硫酸盐对于充填体早期强度的影响，未进行基质吸力对充填体试样早期强度和固结行为的影响机理分析。李文臣和郭利杰等(2018)认为传统的充填体原位强度测试需要通过在充填体上取心来获得试样，取心和试件加工过程劳动量大且容易造成试件破损，并进行了基于基质吸力的早期强度监测探索研究。结果表明，密封养护条件下尾砂胶结充填体试样的早期单轴抗压强度与其基质吸力存在显著的线性相关规律，获得了尾砂胶结充填体试样早期单轴抗压强度与基质吸力的相关性方程。

由上可见，充填体固结过程中基质吸力演化研究渐渐得到我国学者的重视，但与国外学者类似，现有研究仍然多属于在研究多场耦合时对基质吸力进行的附加研究，并非专门针对基质吸力演化展开的系统研究。综上所述，基质吸力演化已逐渐被业界认为是一种原位力学行为研究行之有效的研究手段。国内外学者均已初步证实了充填体强度发展与基质吸力的演化密不可分。但上述研究均是在特定条件下进行的，普适性相对较差，且数值仿真研究较少，对于大尺寸的采场指导性相对较差。因此，本书在继承前人研究成果的基础上，对全尾砂充填体流固转化和力学发展过程基质吸力演化机制及数值仿真做了系统深入的研究，以期丰富完善充填体充填理论基础、突破充填体原位力学演化不易监测的难题。

1.3.3 金属矿充填固化过程数值模拟研究现状

随着对充填料固化过程多场性能演化规律的深入研究，数值建模在推动这一领域的工作方面也取得了进展。由于对充填料的固化过程进行原位实验存在较多困难，采取原位监测一般都是一个点或几个点，具有局限性，不能对充填体全域进行监测，而数值模拟可以对整个采场进行全域仿真模拟，可以有效地获取充填体任何位置相应性能的演化规律。因此，数值模拟对于充填料固化过程多场性能的研究是一种技术上可行且精确度较高的研究手段，相比充填料固化过程的原位实验研究，数值模拟具备更简洁、节省时间和材料、经济合理等优点（Cui and Fall，2017b，2018a，2018b，2019）。目前，在充填料固化过程多场性能实验研究的基础上，学者对充填料固化过程的多场性能已经建立了大量的数学模型进一步了解充填料的多场耦合行为，这可以更好地评估和预测充填料的多场耦合行为。充填料固化过程多场性能数值模拟首先要建立相应的多场性能、水化反应和物理力学数学模型，然后建立相应的几何模型，对其进行模拟，验证实验模型的正确性，并预测膏体充填体多场性能以及物理力学特性的发展趋势。

关于充填料固化过程的多场性能数值模拟的研究，许多学者开发了关于充填料固化过程多场性能的耦合模型。例如，Nasir 和 Fall（2009）开发了一种热-化（thermo-chemical，TC）耦合模型，用来预测充填料固化过程的温度变化；Wu 等（2014）提出了一个热-水-化（therom-hydro-chemical，THC）耦合模型来表征充填料固化过程温度和孔隙水压力变化；Nasir 和 Fall（2010）建立了一个二维数值模型来预测膏体充填体不排水条件下单轴抗压强度（uniaxial compressive strength，UCS）的发展和分布。以上充填料固化过程的多场性能耦合模型并没有完全将热-水-力-化多场性能完全考虑进去，导致许多现有的充填体多场性能耦合模型只能预测有限的场量变化，存在局限性，有些耦合模型的假设是在特定的环境和场景下，对耦合模型的准确性和预测能力不足。为此，Cui 和 Fall（2015a，2015b）开发了一个热-水-力-化多场耦合模型。该模型由四个平衡方程组成，分别是孔隙水质量守恒方程、孔隙空气质量守恒方程、动量守恒方程和能量守恒方程。该模型充分考虑了充填料固化过程中的水力过程和化学过程对温度变化的影响；对于力学过程，弹塑性模型被考虑进热-水-力-化模型；胶结剂水化作用对充填体性能的影响（如渗透性、热导率和黏聚力等）也被收纳其中。

数值模拟在预测充填料固化过程多场性能的耦合作用上具有重要应用，充填体在采场中因为采场形态、开采深度、有无充填挡墙、是否排水、充填速率及充填次序等因素会表现不一样的固化过程，其内部的多场性能也会表现出较大的差异性。采场诸多因素的复杂性导致充填料固化过程多场性能原位实验不能进展，不能对采场的充填体进行直接监测与研究，所以通过数值模拟对采场中的充填体进行模拟分析是一种十分有效的方法，这也是数值模拟在充填体原位多场性能研究中一种重要的工程应用。对于数值模拟在膏体充填体原位多场性能方面的应用，主要集中在充填体的尺寸大小、形态、倾角、充填挡墙、充填速率及充填次序等方面（Wu et al.，2014，2020；Cui and Fall，2016，2017a，2017b，2018a，2018b，2019，2020）。

1.4　金属矿充填固化行为学术架构

目前，针对金属矿充填固化过程的研究已经逐渐形成一个较为完整的学术架构，如图 1-6 所示。金属矿充填固化过程的理论趋于完善，相应的实验研究方法也走向成熟，

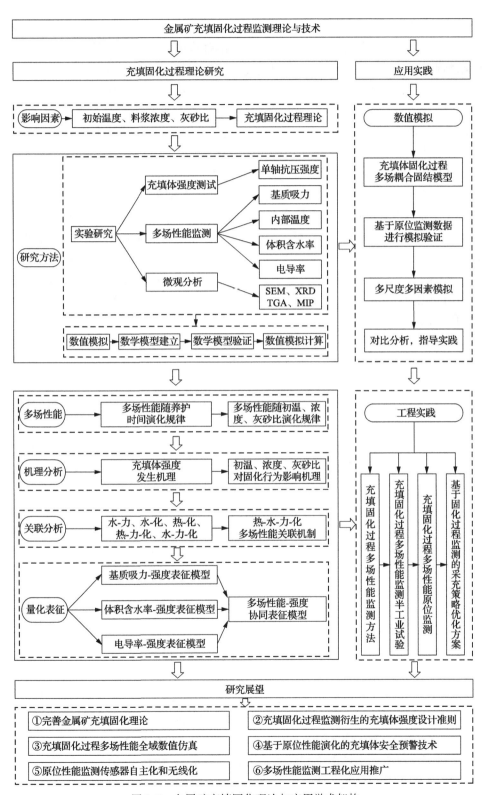

图 1-6 金属矿充填固化理论与应用学术架构

实验研究的理论成果不断丰富。温度、质量浓度和灰砂比等因素是影响充填料固化过程最常考虑的因素，这些因素也是影响充填体终端强度的主要因素。其中，温度影响充填料固化过程水泥的水化进程，较高的温度能够促进充填料的自干燥行为；质量浓度影响充填料的流动性，对于充填料的管输及搅拌具有重要影响；灰砂比是影响充填料固化性能的重要因素，高灰砂比意味着较快的水化反应速率，但是同时也会造成较高的充填成本，所以合适的灰砂比对于矿山充填十分重要。研究这些因素条件下的充填固化过程的多场性能相关理论对于指导矿山的工程实践具有重要意义。通过传统的充填体试块强度测试，联合多场性能监测实验以及微观分析实验对充填固化过程进行研究，并引入数值模拟的研究方法，对多场性能实验数据进行模拟分析和对比，验证实验结果的正确性。通过对多场性能监测数据进行分析，发现不同影响因素条件下多场性能随养护时间的变化规律以及同一养护时间条件下多场性能随不同影响因素的演化规律，结合微观分析[XRD、扫描电子显微镜(scanning electron microscope，SEM)、热重分析(thermogravimetric analysis，TGA)、压汞测孔(mercury intrusion porosimetry，MIP)]结果，对充填体试块的强度发生机理及多场性能的演化机理进行分析，解释其内在的水化作用机理及孔结构的演化机理等微观作用。通过分析体积含水率-基质吸力(水-力)、体积含水率-电导率(水-化)、温度-电导率(热-化)、温度-基质吸力-电导率(热-力-化)和体积含水率-基质吸力-电导率(水-力-化)等性能之间的关联性，最终建立充填固化过程热-水-力-化多场性能关联机制。分别用不同影响因素条件下的基质吸力、体积含水率和电导率表征充填体的强度，最终联合基质吸力、体积含水率、温度、电导率等多场性能表征充填体强度，建立多场性能-强度协同表征模型。

数值模拟对于大尺寸大结构的真实采场充填固化过程的研究也是一种十分有效的手段，通过数值模拟分析采场结构、形态、采充策略等对充填体强度等性能的影响，对于指导充填策略的制定具有重要的借鉴意义。虽然对金属矿充填固化理论的研究已经较为成熟，但是仍然需要继续完善和补充。理论的建立最终用于工程实践，在工程实践中检验理论的准确性和普适性。进行充填料固化过程相关的工程实践首先要完善原位多场性能监测技术，然后进行多场性能监测的半工业试验以验证该监测技术的可行性，最后利用成熟的多场性能监测技术进行真实采场的原位多场性能监测，最终通过真实采场的原位多场性能监测结果建立金属矿的精准采充方法，实现金属矿采充策略的个性化定制，指导采矿作业的高效安全进行，最后通过上述理论研究及数值仿真和工程应用，对金属矿未来的充填监测技术和相应理论研究做出展望，即开展充填过程中多场性能全域数值仿真，建立充填体安全预警技术，实现原位监测技术的自主化、无线化及智能化监测等方面的理论研究和技术攻关。

本书的主体内容主要围绕室内实验-关联表征-理论模型-数值仿真-工程应用展开。其中，室内实验选取矿山面临的三个典型的、共性的影响因素，具体为充填料初始温度、质量浓度、灰砂比，利用自主研制的实验装置开展多场性能监测实验；关联表征主要体现在充填料固化过程中多性能之间的关联机制，以及多性能对充填料强度的单一和协同表征；理论模型方面包括热、水、力、化过程的本构方程及充填料固化数学模型，数值仿真针对采场进行建模，进行了几何形状、充填速率、水灰比、采场倾角等原位模拟，最后采用本书的学术思想和研究方法对实际矿山充填料固化过程进行原位监测。通过上述理论研究和工程实践相结合，提出了对充填固化过程的多场性能监测技术及理论的未来展望。

参 考 文 献

陈长杰, 蔡嗣经. 2001. 金川二矿区膏体充填系统试运行有关问题的探讨[J]. 矿业研究与开发, 21(3): 21-23.

丁德强. 2006. 矿山地下采空区膏体充填理论与技术研究[D]. 长沙: 中南大学.

郭文兵, 邓喀中, 邹友峰. 2005. 岩层与地表移动控制技术的研究现状及展望[J]. 中国安全科学学报, 15(1): 6-10.

国家安全监管总局等七部门. 2013. 国家安全监管总局等七部门关于印发深入开展尾矿库综合治理行动方案的通知[J]. 国家安全生产监督管理总局国家煤矿安全监察局公告, 137(6): 34-45.

韩朝军, 李延东. 2006. 邢台矿粉煤灰充填技术可行性研究[J]. 中国矿山工程, 35(4): 16-18.

何哲祥, 田守祥, 隋利军, 等. 2008. 矿山尾矿排放现状与处置的有效途径[J]. 采矿技术, 8(3): 78-83.

黄志伟, 张炳旭. 2004. 全尾砂分级充填新工艺的研究[J]. 金属矿山, (6): 65-67.

吉学文, 严庆文. 2006. 驰宏公司全尾砂-水淬渣胶结充填技术研究[J]. 有色金属: 矿山部分, 58(2): 11-13.

江文武. 2009. 金川二矿区深部矿体开采效应的研究[D]. 长沙: 中南大学.

李冬青. 2001. 我国金属矿山充填技术的研究与应用[J]. 采矿技术, 6: 16-9.

李宏泉, 方理刚. 2004. 空区膏体充填泵送特性及减阻试验研究[J]. 湘潭矿业学院学报, 19(1): 31-34.

李文臣, 郭利杰. 2018. 尾砂胶结充填体试样早期强度原位监测探索研究[J]. 中国矿业, 27(8): 139-143.

李云武. 2004. 膏体泵送充填技术在金川二矿区的试验研究及应用[J]. 有色金属: 矿山部分, 56(5): 9-11.

刘殿华, 吴贤振. 2012. 全尾砂充填技术的应用与发展[J]. 世界有色金属, 404(8): 44-45.

刘杰. 2020. 充填采矿法的应用现状及发展[J]. 当代化工研究, (7): 8, 9.

刘同有, 周成浦. 1995. 我国充填采矿技术新进展[J]. 中国矿业, 4(5): 25-29.

刘同有, 蔡嗣经. 1998. 国内外膏体充填技术的应用与研究现状[J]. 中国矿业, 7(5): 1-4.

秦豫辉, 田朝晖. 2008. 我国地下矿山开采技术综述及展望[J]. 采矿技术, 8(2): 1, 2.

饶运章, 邵亚建, 肖广哲, 等. 2016. 聚羧酸减水剂对超细全尾砂膏体性能的影响[J]. 中国有色金属学报, 213(12): 2647-2655.

斯基勒斯 B E J, 杨鹏, 蔡嗣经. 1998. 澳大利亚坎宁顿矿膏体充填站的设计及其系统布置[J]. 国外金属矿山, 23(5): 26-30.

孙豁然, 周伟, 刘炜. 2003. 我国金属矿采矿技术回顾与展望[J]. 金属矿山, 10: 6-9.

王方汉, 姚中亮, 曹维勤. 2004. 全尾砂膏体充填技术及工艺流程的试验研究[J]. 矿业研究与开发, 24(9): 51-55.

王五松. 2004. 膏体充填流变特性及工艺研究[D]. 阜新: 辽宁工程技术大学.

王湘桂, 唐开元. 2009. 矿山充填采矿法综述[J]. 矿业快报, 24(12): 1-5.

王新民, 丁德强, 吴亚斌, 等. 2006. 膏体充填管道输送数值模拟与分析[J]. 中国矿业, 15(7): 57-59.

王新民, 肖卫国. 2002. 金川全尾砂膏体充填料浆流变特性研究[J]. 矿冶工程, 22(3): 13-16.

王新民, 赵建文. 2016. 全尾砂浆最佳絮凝沉降参数[J]. 中南大学学报(自然科学版), (5): 1675-1681.

吴爱祥, 王洪江. 2015. 金属矿膏体充填理论与技术[M]. 北京: 科学出版社.

吴爱祥, 杨盛凯, 王洪江, 等. 2011. 超细全尾膏体处置技术现状与趋势[J]. 采矿技术, 11(3): 4-8.

吴祥辉, 乔登攀, 张修香, 等. 2014. 某铁矿废石-全尾砂胶结充填体强度与水灰比的关系[J]. 矿业研究与开发, (3): 19-21.

肖广哲, 谭艳花, 何锦龙. 2010. 东乡铜矿全尾膏体充填材料与充填体强度关系研究[J]. 江西理工大学学报, 31(1): 23-25.

谢龙水. 2003. 矿山胶结充填技术的发展[J]. 湖南有色金属, 19(4): 1-5.

许新启, 杨焕文. 1998. 我国全尾砂高浓度(膏体)胶结充填简述[J]. 矿冶工程, 18(2): 1-4.

姚中亮. 2010. 金属矿山充填的意义、充填方式选择及典型实例概述[J]. 金属矿山, 8: 212-218.

于润沧. 2011. 我国充填工艺创新成就与尚需深入研究的课题[J]. 采矿技术, 11(3): 1-3.

张家荣, 刘建林, 朱记伟. 2016. 我国尾矿库事故统计分析及对策建议[J]. 武汉理工大学学报(信息与管理工程版), 38(6): 682-685.

张钦礼, 王石, 王新民, 等. 2016. 不同质量浓度下阴离子型聚丙烯酰胺对似膏体流变参数的影响[J]. 中国有色金属学报, (8): 1794-1801.

张淑会, 薛向欣, 刘然, 等. 2005. 尾矿综合利用现状及其展望[J]. 矿冶工程, 25(3): 44-47.

张新国, 王华玲, 李杨杨, 等. 2012. 膏体充填材料性能影响因素试验研究[J]. 山东科技大学学报(自然科学版), 31(3): 53-58.

赵才智, 周华强, 柏建彪, 等. 2006. 膏体充填材料强度影响因素分析[J]. 辽宁工程技术大学学报, (6): 904-906.

郑保才, 周华强, 何荣军. 2006. 煤矸石膏体充填材料的试验研究[J]. 采矿与安全工程学报, 23(4): 460-463.

中国国土资源经济研究院. 2016. 中国矿产资源节约与综合利用报告(2015)[M]. 北京: 地质出版社.

周爱民. 1999. 建国以来我国金属矿采矿技术的进展与未来展望[J]. 矿业研究与开发, 19(4): 1-4.

周爱民. 2006. 有色矿山采矿技术新进展[J]. 采矿技术, 6(3): 1-7.

自然资源部. 2020. 《中国矿产资源报告(2020)》发布[J]. 地质装备, 21(6): 3-5.

Abdul-Hussain N.2010. Engineering properties of gel fill[D]. Ottawa: University of Ottawa.

Abdul-Hussain N, Fall M. 2012. Thermo-hydro-mechanical behaviour of sodium silicate-cemented paste tailings in column experiments [J]. Tunnelling and Underground Space Technology, 29: 85-93.

Célestin J C H, Fall M. 2009. Thermal conductivity of cemented paste backfill material and factors affecting it[J]. International Journal of Mining Reclamation and Environment, 23(4): 274-290.

Cui L, Fall M. 2015a. A coupled thermo-hydro-mechano-chemical model for underground cemented tailings backfill[J]. Tunnelling and Underground Space Technology, 50: 396-414.

Cui L, Fall M. 2015b. Multiphysics modelling of the behaviour of cemented tailings backfill materials[C]//Proceeding of the International Conference on Civil structural and Transportation Engineer, Ottawa.

Cui L, Fall M. 2016. Mechanical and thermal properties of cemented tailings materials at early ages: Influence of initial temperature, curing stress and drainage conditions[J]. Construction & Building Materials, 125: 553-563.

Cui L, Fall M. 2017a. Multiphysics model for consolidation behavior of cemented paste backfill[J]. International Journal of Geomechanics, 17(3): 1-23.

Cui L, Fall M. 2017b. Modeling of pressure on retaining structures for underground fill mass[J]. Tunnelling and Underground Space Technology incorporating Trenchless Technology Research, 69: 94-107.

Cui L, Fall M. 2018a. Multiphysics modeling and simulation of strength development and distribution in cemented tailings backfill structures[J]. International Journal of Concrete Structures and Materials. 12(3): 1-22.

Cui L, Fall M. 2018b. Mathematical modeling and analysis of in-situ strength development in cemented paste backfill structure[C]// GeoEdmonton 2018 Conference, Edmonton.

Cui L, Fall M. 2019. Mathematical modelling of cemented tailings backfill: A review[J]. International Journal of Mining, Reclamation and Environment, 33(6): 389-408.

Cui L, Fall M. 2020. Numerical simulation of consolidation behavior of large hydrating fill mass[J]. International Journal of Concrete Structures and Materials, 14(1): 1-16.

Fahey M, Helinski M, Australia W. 2007. Using effective stress theory to characterize the behaviour of backfill[J]. CIM Bulletin Technical Papers, 100(1103): 200-208.

Fahey M, Helinski M, Fourie A. 2010. Consolidation in accreting sediments: Gibson's solution applied to backfilling of mine stopes[J]. Géotechnique, 60(11): 877-882.

Fall M, Benzaazoua M, Ouellet S. 2005. Experimental characterization of the influence of tailings fineness and density on the quality of cemented paste backfill [J]. Minerals Engineering, 18(1): 41-44.

Fall M, Samb S S. 2006. WITHDRAWN: Influence of curing temperature on strength, deformation behaviour and pore structure of cemented paste backfill at early ages[J]. Construction & Building Materials. http://doi.org/10.1016t/j.conbuildmat.2006.08.010.

Ghirian A, Fall M. 2013. Coupled thermo-hydro-mechanical-chemical behaviour of cemented paste backfill in column experiments, part I: Physical, hydraulic and thermal processes and characteristics[J]. Engineering Geology, 164: 195-207.

Ghirian A, Fall M. 2014. Coupled thermo-hydro-mechanical-chemical behaviour of cemented paste backfill in column experiments: Part II: Mechanical, chemical and microstructural processes and characteristics [J]. Engineering Geology, 170: 11-23.

Ghirian A, Fall M. 2015. Coupled behavior of cemented paste backfill at early ages[J]. Geotechnical and Geological Engineering, 33 (5): 1141-1166.

Ghirian A, Fall M. 2016. Strength evolution and deformation behaviour of cemented paste backfill at early ages: Effect of curing stress, filling strategy and drainage[J]. International Journal of Mining Science and Technology, 2016, 26 (5): 809-817.

Helinski M, Fourie A, Fahey M. 2006. Mechanics of early age cemented paste backfill[C]// Proceedings of the 9th International Seminar on Paste and Thickened Tailings, Limerick.

Helinski M, Fourie A, Fahey M, et al. 2007. Assessment of the self-desiccation process in cemented mine backfills[J]. Canadian Geotechnical Journal, 44 (10): 1148-1156.

Jaouhar E M, Li L. 2019. Effect of drainage and consolidation on the pore water pressures and total stresses within backfilled stopes and on barricades [J]. Advances in Civil Engineering, (3): 1-19.

Lu G, Fall M. 2018. Modeling postblasting stress and pore pressure distribution in hydrating fill mass at an early age[J]. International Journal of Geomechanics, 18 (8): 1-20.

Nasir O, Fall M. 2009. Modeling the heat development in hydrating CPB structures[J]. Computers and Geotechnics, 36 (7): 1207-1218.

Nasir O, Fall M. 2010. Coupling binder hydration, temperature and compressive strength development of underground cemented paste backfill at early ages[J]. Tunnelling and Underground Space Technology, 25 (1): 9-20.

Pokharel M, Fall M. 2013. Combined influence of sulphate and temperature on the saturated hydraulic conductivity of hardened cemented paste backfill[J]. Cement and Concrete Composites, 38 (4): 21-28.

Suazo G, Fourie A, Doherty J. 2016. Experimental study of the evolution of the soil water retention curve for granular material undergoing cement hydration[J]. Journal of Geotechnical and Geoenvironmental Engineering, 142 (7): 1-14.

Vergne J. 2000. Rules of thumb for the hard rock mining industry//Hard Rock Miner's Handbook[M]. third ed. Tempe: McIntosh Engineering Inc.

Wang Y, Wu A, Wang S. 2017. Correlative mechanism of hydraulic-mechanical property in cemented paste backfill[J]. Journal of Wuhan University of Technology (Materials Science), 32 (3): 579-585.

Wang Z Q, Wang Y, Cui L, et al. 2022. Insight into the isothermal multiphysics processes in cemented paste backfill: Effect of curing time and cement-to-tailings ratio[J]. Construction and Building Materials, 325: 126739.

Witteman M L. 2013. Unsaturated flow in hydrating porous media: Application to cemented paste backfill[C]//Proceeding of Pan-Am CGS Geotechnical Conference, Toronto: 1-8.

Witteman M L, Simms P H. 2017. Unsaturated flow in hydrating porous media with application to cemented mine backfill[J]. Canadian Geotechnical Journal, 54 (6): 835-845.

Wu D, Fall M, Cai S J. 2014. Numerical modelling of thermally and hydraulically coupled processes in hydrating cemented tailings backfill columns[J]. International Journal of Mining, Reclamation and Environment, 28 (3): 173-199.

Wu D, Sun G, Liu Y. 2016. Modeling the thermo-hydro-chemical behavior of cemented coal gangue-fly ash backfill[J]. Construction and Building Materials, 111: 522-528.

Wu D, Deng T, Zhao R. 2018. A coupled THMC modeling application of cemented coal gangue-fly ash backfill[J]. Construction and Building Materials, 158: 326-336.

Wu D, Hou W T, Yang H, et al. 2020. Numerical analysis of the hydraulic and mechanical behavior of in situ cemented paste backfill[J]. Geotechnical and Geological Engineering, 1 (14): 1-8.

Yilmaz E. 2010. Investigating the hydrogeotechnical and microstructural properties of cemented paste backfill using the CUAPS apparatus[D]. Rize: Recep Tayyip Erdogan University.

Yilmaz E. 2015. Effect of crack width, length, and depth on surface disposal of sulphidic paste tailings[C]//Proceedings of the 24th International Mining Congress and Exhibition of Turkey, Antalya.

Yilmaz E, Kesima A, Ercidi B. 2004. Strength development of paste backfill simples at long term using different binders[C]// Proceedings of 8th Symposium MineFill04, Beijing: 281-285.

Yilmaz E, Belem T, Benzaazoua M. 2014. Effects of curing and stress conditions on hydromechanical, geotechnical and geochemical properties of cemented paste backfill[J]. Engineering Geology, 168(2): 23-37.

第 2 章
初始温度对充填固化过程的影响

金属矿充填料的初始温度由多方面的热源共同产生，金属矿充填过程中初始温度的来源主要有以下几个方面。

第一，集料和水的初始温度不同。矿山所处的地理环境不同，如处于永久冻土区或者常年高温地带；矿山所处的季节不同，如夏天或者冬天；集料储存装置在室内或者暴露于室外；制备充填料所用水来自选矿水、地下水或者河水；上述因素均可造成充填集料初始温度不同。第二，在充填料输送过程中与管壁摩擦产生的热量(Nasir and Fall, 2009)。第三，随着浅部资源逐渐耗尽，逐渐向地球深部进军，致使地温梯度效应凸显(Wu et al., 2016)。

此外，岩石加热或者充填料固化过程中水化反应放热，还有一些人为因素(如爆破)产生的热量(Fall et al., 2009)。以膏体充填过程为例，该过程造成的初始温度不同的各因素归纳于图 2-1(Wu et al., 2013)。

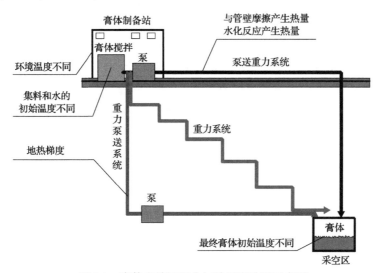

图 2-1　膏体充填过程中初始温度致因示意图

最早开展温度对胶凝材料力学性能影响的研究，出现在混凝土领域。例如，增加混凝土初始温度会加快水化产物形成，从而增加混凝土早期强度(Escalante-García and Sharp, 2001；Kim et al., 2002；Lothenbach et al., 2007)，在混凝土初始温度高于室温时，水化反应速率会加快(Lothenbach et al., 2007)。相反，低的混凝土初始温度会减慢反应速率，减少水化产物，从而降低早期强度(Verbeck and Helmuth, 1969；Brooks and Kaisi, 1990；Ma et al., 1994)。当然，也有针对养护温度对混凝土性能影响的研究。当养护温度高到一定程度时，混凝土 7d 强度会增加(Escalante-García and Sharp, 2001；Kim et al., 2002；

Lothenbach et al.，2007)，但是对 28d 强度发展不利(Kim，2002)。这主要是因为早期形成了密集的水化产物，覆盖于没来得及发生反应的水泥颗粒表面，阻止了被覆盖水泥进一步的水化反应(Barnett et al.，2006)。

上述研究都是围绕养护温度对充填体强度的影响开展的，并没有涉及不同初始温度对充填体多场性能演化过程的影响。所以，及时开展初始温度对全尾充填料多场耦合作用影响机理的研究，是目前金属矿充填的一个紧急任务。初始温度影响下的充填体力学特性对于管理者制定采矿及充填策略非常重要。

2.1 自制固化过程性能监测装置及实验方法

2.1.1 自制充填固化过程监测装置

鉴于目前市场上没有商业化的充填料多场性能研究实验装置，因此专门研制了充填料固化过程热-水-力-化多场性能实验装置，属于金属矿充填采矿技术精细化研究实验装置。

该装置主要由圆柱形盛料筒、充填料、盛料筒密封盖、固定圆柱筒、盛料筒隔热材料、传感器、养护箱、保温棉、密封材料、数据收集器、计算机等组成；还可根据实验需要，加入千分表、压力传感器等精密测量仪器。传感器位置及圆柱形量筒在隔热箱中的布置如图 2-2 所示。由该图可以看出，圆柱形盛料筒位于养护箱中心位置，充填料填满圆柱形盛料筒，盛料筒密封盖扣在圆柱形盛料筒顶部，固定圆柱筒套于圆柱形盛料筒外部，盛料筒隔热材料紧密填充于圆柱形盛料筒和固定圆柱筒之间，传感器埋设于充填料内部，养护箱与固定圆柱筒之间布满保温棉，数据收集器与传感器相连，数据收集器连接计算机，整个测试装置放置于养护室内。该装置制作简单、体积较小、智能性高，适用于有色金属、黑色金属、煤矿等各种矿山企业添加胶凝材料的充填料多场性能测试。

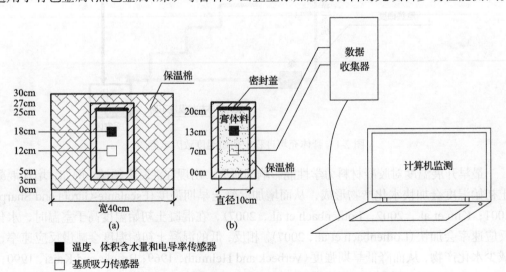

■ 温度、体积含水量和电导率传感器
□ 基质吸力传感器

图 2-2 自制热-水-力-化多场监测实验装置
(a)隔热量筒在隔热养护装置中的布置情况；(b)传感器在量筒中的相对位置

该充填多场性能实验装置能够精确测量充填养护过程的热力、水力、力学和化学性能，为充填设计和技术应用提供依据。主要有以下几个优点：第一，充填料采用密封和隔热设计，充填料与养护箱之间布满保温棉，可对实际采场围岩进行有效模拟，有利于充填料温度场的研究；第二，可根据不同需要，埋设一个或多个传感器，测量所需的热力学、水力学、化学性能参数；第三，实验精度高，整个实验过程采用一个或多个数据采集器对测试结果进行收集，并通过计算机对结果实时监测。

2.1.2 实验材料及实验方法

实验材料采用人造二氧化硅尾砂，因为人造尾砂干扰因素更少，更加便于充填料多场性能关联性研究。胶结剂采用Ⅰ类型波特兰水泥(portland cement type Ⅰ, PCI)和粉状炉渣，波特兰水泥与粉状炉渣的混合配比为1∶1，拌和水使用实验室自来水，水灰比为7.6，同时添加占固体总量0.4%的水玻璃(硅酸钠)，低速搅拌2min，然后高速搅拌5min。最后将搅拌均匀的充填料装入监测装置中进行监测实验。

多场性能监测由于需要埋入传感器，养护量筒尺寸要大于强度养护量筒，监测实验量筒直径10cm、高度20cm。监测充填料温度依然与力学性能保持一致，选择2℃、20℃、35℃和50℃四个温度，对其0～28d养护时间的温度、基质吸力、体积含水率和电导率进行监测。

采用该多场性能实验装置对全尾砂充填料热-力-水-化多场性能监测实施步骤如下。

(1)将隔热材料填满圆柱形盛料筒和圆柱形固定筒之间，将MPS-2传感器(用来监测温度和基质吸力，量程−500～−10kPa，精度±5kPa)及5TE传感器(用来监测温度、体积含水率和电导率)固定于隔热盛料筒内部。传感器主要用于对充填料养护过程中充填料内部温度、体积含水率、基质吸力、电导率等参数进行监测，用于研究充填料养护过程中热力学、水力学、化学反应等性能。MPS-2和5TE是目前国际上集成性较好、测量精度较高的两种传感器，已在少数其他金属矿充填技术研究中得到证实，因此传感器的选用确保了监测结果的准确性(Wang et al., 2016)，这两种传感器实物图如图2-3所示。由于当充填料高度较高时，不同高度位置的充填料性能不同，此时，需要在不同高度埋设多个传感器对充填料性能进行监测。

(a)　　　　　　　　　　　　　　　(b)

图2-3　监测实验所用传感器
(a)MPS-2传感器；(b)5TE传感器

(2)根据实验配比，将不同初始温度的集料混合，采用B20搅拌机(搅拌能力12kg)

对料浆搅拌约 7min,直至料浆搅拌均匀。

(3)迅速将料浆盛入圆柱筒中,将内部空气采用玻璃棒导出,用刮刀抹平,并采用密封盖进行密封。最后采用保温棉将盛料筒顶部盖住;将准备好的圆柱形隔热盛料筒放入隔热养护箱内部。需要注意的是,盛料筒密封盖主要用来密封充填料,由于实际采场充填料较多,大部分充填料内水分不会被蒸发,密封盖可以防止充填料内部水分蒸发,使实验结果更加接近实际采场情况。

(4)将传感器连接于数据收集器,将数据收集器连接于计算机,开始收集数据。本研究中数据收集采用美国最新的 EM50 数据收集器,与所使用的传感器相配套,该收集器最多可同时对五个传感器进行监测。本实验每个温度下安装了两个传感器,因此该数据收集器可同时对两组实验进行监测。整个监测过程中,只需在计算机上将数据收集频率调好,数据收集器即可自动对监测数据进行记录。当然,也可以实时对充填料内部各参数演化情况进行观察。图 2-4 给出了某一时刻监测结果,其中 Port 1 代表#1 试样基质吸力、温度监测结果;Port 2 代表#1 试样电导率、体积含水率监测结果;Port 3 代表#2 试样基质吸力、温度监测结果;Port 4 代表#2 试样电导率、体积含水率监测结果。

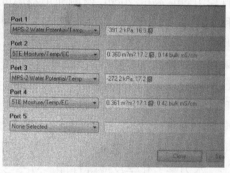

图 2-4　某一时刻充填料热-水-力-化多场性能监测结果

(5)观测养护过程中温度、体积含水率、基质吸力、电导率等性能,最终获得充填料多场性能参数。这几种参数观测的物理意义解释如下:

①温度演化。不同初始温度,由于水泥水化反应放热及与环境缓慢的热交换,造成不同的温度演化。不同初始温度下水泥水化反应速率不同,造成充填料水化产物含量和结构的不同,最终导致力学性能不同。

②基质吸力。基质吸力常用于非饱和土力学,随着养护时间增加,由于排水、水化反应、自干燥等原因,充填料逐渐由饱和状态变为非饱和状态。而基质吸力可以见证这一变化过程,一般来说,基质吸力发展越快,对早期强度越有利,基质吸力越大,充填体强度越大。

③体积含水率。体积含水率反映了充填料水化反应的程度。在水化反应开始之前,由于充填体内部孔隙水在重力作用下的迁移,充填体从上至下的体积含水率逐渐增加,而随着水化反应逐渐对水分的吸收,体积含水率又逐渐减小。此外,体积含水率越大,孔隙水压力越大,对挡墙拆除越不利。

④电导率。充填体在养护过程中,由于水泥遇水分解,形成离子联盟,电导率则反

映了离子浓度的大小。在水化反应过程中，电导率存在一个峰值，峰值到来越早，说明反应速率越快，则获得强度时间越早。获得强度的同时，这些离子由于参与了化学反应被固结，这样就降低了离子迁移进入地下水系的可能，降低有害离子对环境的污染。

2.2 初始温度对充填固化过程内部温度的影响

温度演化监测的目的是当不同初始温度的充填料放置于采场时，对其非等温养护温度演化进行确定。图 2-5 给出了不同初始温度下充填料内部温度的演化过程，这些不同的温度-时间历史过程代表充填料被放置于非等温养护温度中。从该图可以明显看出，初始温度对充填料温度-时间历史或者养护温度随时间演化的影响十分强烈。

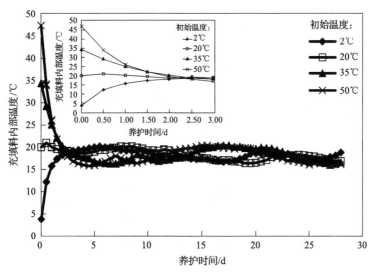

图 2-5 不同初始温度下充填料内部温度演化

当充填料初始温度为 20℃时，整个养护过程中，充填料内部温度几乎与周围介质温度(室温)相同。当养护时间达到 8h 时，充填料内部温度有轻微上升，由 20℃增加至 21℃；然后，充填料内部温度逐渐降低，大约在 2.5d 后，达到周围介质温度。微小的温度上升主要是充填料的水化反应放热所致，很小的温度上升也表明水泥水化反应产生热量对本书中所有充填料温度变化的贡献是可以忽略的，这对于单独研究初始温度的影响是有利的。

当充填料初始温度分别为 35℃和 50℃时，其温度高于周围介质温度，在养护过程中会与周围环境发生热传递，向周围温度较低的环境进行散热，大约养护 2.5d 后，其温度与周围介质温度相同。而当充填料初始温度低于周围介质温度，即初始温度为 2℃时，充填体会从周围介质逐渐吸热，大约养护 2.5d 后，与周围介质达到温度平衡。充填料初始温度较高时，相当于将充填料在前两天放置于一个养护温度较高的环境中；相反，初始温度较低时，相当于充填料的养护温度较低。

如何通过一种经济的方式，使充填体高效、尽快地达到预期强度，是所有矿山企业的主要目标之一。因此，上述有关不同初始温度情况下充填料内部温度演化规律的信息对于充填体早期强度研究具有重要意义，能为矿山实际应用提供指导。充填料初始温度的不同，相当于充填料前两天的养护温度不同，而仅仅前两天养护温度的不同就会对充填体早期强度发展造成非常大的影响，进而影响充填体结构早期的稳定性。这显然也将会影响矿山的开采周期，最终影响开采效率和产率。同时，充填体在相同水泥含量下，较高的初始温度具备更好的强度，那么，在目标设计强度下，如果初始温度合理，就会降低水泥单耗，这将为矿山带来可观的成本节约。

2.3 初始温度对充填固化过程体积含水率的影响

体积含水率是表征充填料养护过程中内部自由水含量的重要物理量，充填料进入采场后，其内部会发生水分的运移，充填料的水化作用消耗自由水及充填料中水分的蒸发等作用均会影响充填体内部的体积含水率，充填内部自由水的含量直接影响充填体的强度、充填挡墙的设计方式及拆除时间。温度对于充填料的体积含水率有较大的影响，高温会促进充填料内部的水分蒸发和自干燥行为，低温会抑制水分的蒸发和自干燥行为，进而会影响充填体强度的发展。所以，对不同初始温度条件下的体积含水率进行研究对于了解充填料内部自由水的转化和损耗机理以及指导工程实践方面具有重要的意义。

图 2-6 给出了不同初始温度下充填料内部体积含水率的演化过程。从图中可以明显看出，充填料的初始温度和非等温养护温度对充填料自干燥性能均有影响。每个初始温度下，随着养护时间延长，充填体体积含水率不断降低，体积含水率降低主要是充填料中的水泥水化反应所致，随着养护时间的延长，会产生越来越多的水化产物（Kjellsen

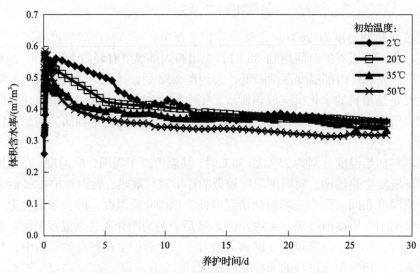

图 2-6 不同初始温度充填料内部体积含水率随养护时间演化

and Detwiler, 1992; Sinthaworn and Nimityongskul, 2011; Liu et al., 2012), 这导致充填体中累计自由水消耗越来越多。随着养护时间延长而水化产物增加, 这一观点可通过 2.7 节中差热分析实验(图 2-14)得到证实。

从图 2-6 中还可以看出, 无论初始温度是多少, 充填料在 7d 内自干燥速度较快, 当养护时间长于 7d 之后, 自干燥速度变缓。这种早期强烈的自干燥行为主要是由于波特兰水泥早期快速的水化反应(Taylor, 1964), 致使快速的水分消耗。同时, 充填料体积含水率随时间演化也受到初始温度及温度-时间历史的影响。在早期养护阶段(7d), 相比于较低充填料初始温度(20℃, 2℃), 较高的充填料初始温度(35℃, 50℃)显示出快速和强烈的自干燥现象。例如, 当充填料初始温度分别为 2℃、20℃、35℃和 50℃时, 其 3d 体积含水率分别为 0.53、0.47、0.39 和 0.38。这种较高初始温度下强烈而快速的自干燥现象归因于充填料前两天置放于温度较高的养护环境中(图 2-6)。众所周知, 高的温度会加快水泥反应速率, 因此会加快水泥基材料内部水分的消耗(Taylor, 1964; Elkhadiri and Puertas, 2008; Sant, 2012)。这种温度效应导致的水化速率增加是由于热量可以加快化学反应动力学, 如加快溶解、加快成核或者分解, 并且在未反应的水泥颗粒周围通过水合物聚集而快速扩散(Liu et al., 2012)。

从图 2-6 可以看出, 当养护时间大于 7d 时, 初始温度对于充填体体积含水率的影响相对较小。例如, 充填料初始温度为 2℃和 50℃时, 其 7d 体积含水率分别为 0.41 和 0.35, 而 28d 时分别为 0.37 和 0.32。7d 后初始温度对充填体自干燥行为影响较小主要是因为充填料在养护大约 2.5d 之后, 由于充填料与周围环境热传递, 其温度基本相似(图 2-6)。

2.4　初始温度对充填固化过程基质吸力的影响

理解充填料内部早期孔隙水压力发展对于经济和安全的挡墙设计非常关键, 实际上, 充填料孔隙水压力严重影响充填挡墙的力学稳定性(Fall et al., 2009)。充填料内部额外的正孔隙水压会施加相当大的荷载到挡墙上(Helinski et al., 2007)。众所周知, 由水泥水化反应引起的自干燥行为在充填体结构中经常发生, 这种自干燥行为会减小充填体内体积含水率、降低充填体内部正孔隙水压力, 或者说在水化过程中的充填体结构内部负孔隙水压在不断增长, 借助颗粒-水-气分界面处的可收缩弯液面的界面张力, 孔隙气压与孔隙水压的差值形成基质吸力。这也就意味着, 对由自干燥所引起的充填体体积含水率变化或孔隙水压力的变化有一个清晰的认识, 对挡墙力学稳定性或者安全性能经济、合理设计来说, 具有指导意义。

图 2-7 还表明, 当充填料养护时间大于 7d 时, 初始温度在 50℃情况下的基质吸力逐渐小于 35℃的情况。该现象与充填体"强度逆增现象"一致, 较高初始温度下基质吸力曲线交叉现象与"强度逆增现象"遥相呼应, 相互佐证。这是因为基质吸力对多孔介质材料强度具有直接影响, 当然对充填体强度也是一样(Fredlund and Rahardjo, 1993)。并且, 孔隙水压力减小或者基质吸力发展会改变充填体的有效应力, 进而影响充填体的力学行为(Helinski et al., 2007)。

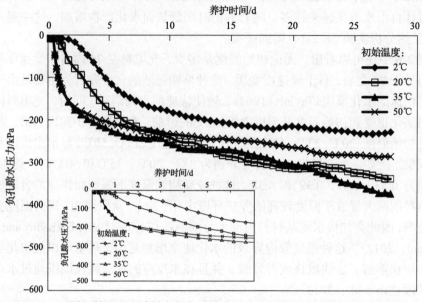

图 2-7　不同初始温度充填料内部负孔隙水压力(基质吸力)随养护时间的演化

　　初始温度对充填体强度的影响还有一个因素需要考虑，这就是高的初始温度或者养护温度强化了充填料自干燥行为(尤其是基质吸力的增加)，如图 2-7 所示。该图描述了不同初始温度下充填料内部基质吸力演化情况，当养护时间小于 7d 时，初始温度为 35℃和 50℃时，充填料基质吸力要明显大于 2℃和 20℃时的基质吸力，基质吸力发展较快对于充填体强度是有利的。众所周知，基质吸力的增加可以使非饱和多孔介质材料的强度增加(Fredlund and Rahardjo，1993)。充填体强度的快速增长阶段(7d)与自干燥行为加剧(图 2-7)时间一致。

2.5　初始温度对充填固化过程电导率的影响

　　电导率的监测是评估水泥水化进程的有效方法，而且可对水化胶凝材料结构变化进行跟踪(Hansson I L H and Hansson C M，1985)。此外，这种初始温度较高时的快速水化反应过程也可通过充填料养护过程中的电导率监测结果所证实，如图 2-8 所示。图 2-8 给出了不同初始温度条件下充填料电导率随养护时间的变化过程，所有的曲线都是先上升，达到峰值之后，再平缓下降。从该图还可以看出，充填料初始温度提高或者早期养护温度提高，电导率峰值出现了明显前移，这也表明其水化时间在不断缩短。这与国外有关学者研究结果一致，他们也认为水化反应速率随着温度升高而加快(Salem and Ragai，2001；Heikal et al.，2005；Sinthaworn and Nimityongskul，2011；Topçu et al.，2012)。当充填料初始温度为 2℃、20℃、35℃和 50℃时，电导率达到峰值的时间分别为 9.50h、4.75h、1.25h 和 0.75h。可见，电导率峰值发生时间随着初始温度的升高而逐渐减少。

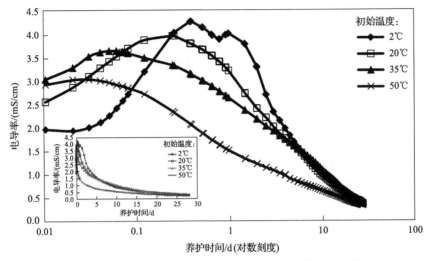

图 2-8　不同初始温度充填料内部电导率随养护时间演化

电导率曲线先上升后下降主要是因为当水泥与水相遇时，发生一系列的物理、化学过程：水泥颗粒溶解；离子浓度不断增加、形成溶液；离子在溶液中形成化合物；当化合物达到一种饱和浓度时，化合物经沉淀析出固体(即水化产物)；随后阶段，水化产物形成或水泥表面接近于无水状态，如图 2-9 所示。电导率反映了充填料孔隙溶液中离子浓度的大小，包括 Ca^{2+}、OH^-、SO_4^{2-} 以及其他碱性离子。电导率快速上升是由于孔隙溶液中离子浓度上升，而这些离子又是电荷载体(Heikal et al., 2005)。一旦这些离子浓度达到一个相对较高的值时，形成离子联盟并且发生水化反应。水化反应过程消耗这些离子并产生水化硅酸钙(C-S-H)和钙矾石(AFt)，在尾矿和水泥颗粒周围形成电绝缘层，导致这些离子的移动性降低，因此电导率快速降低。

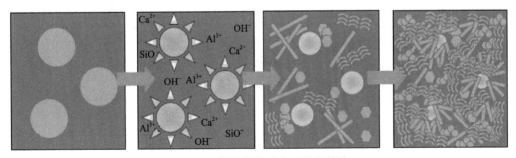

图 2-9　水泥水化反应过程示意图

2.6　初始温度对充填固化过程单轴抗压强度的影响

充填体的单轴抗压实验是衡量充填体试块力学性能十分重要的实验手段。考虑充填料不同初始温度(2℃、20℃、35℃和50℃)，不同养护时间(0.25d、1d、3d、7d 和 28d)，以及两种尾砂(二氧化硅人造尾砂和自然金尾矿)，为了确保实验结果的可靠性，每组制备 3 个试样，最后将养护至特定龄期的充填体试块进行单轴抗压强度测试实验。

图 2-10 给出了不同初始温度对两种尾矿充填体单轴抗压强度的影响，由该图可以看出，无论采用人工尾砂还是自然尾砂，当其初始温度较高时，其强度也较大。但是，当初始温度为 50℃、养护时间大于 7d 时，充填体强度均出现增长速率下降，充填体强度值在 7d 时略低于 35℃时的强度，而当养护时间为 28d 时，其强度值接近于 20℃时的情况。在此，将该现象命名为"初始温度影响下充填体强度逆增现象"，简称"强度逆增现象"。从图 2-10 中还可以看到，对于人造尾砂和自然尾砂，两者均表现出养护时间 7d 内充填体强度的增长速率要快于养护 7d 后的充填体的增长速率，而且随着养护时间的不断延长，充填体的强度的增长速率不断下降，这与基质吸力的变化速率随养护时间的发展趋势相似。

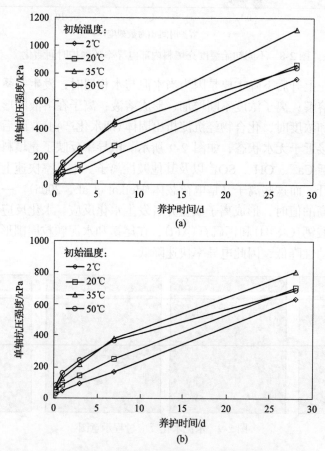

图 2-10 不同初始温度下充填料强度随养护时间演化规律

(a)二氧化硅人工尾砂充填料；(b)自然金尾矿充填料

较高的温度会加速水泥水化反应，会产生更多有利于充填体强度发展的胶凝相，如 C-S-H 和氢氧化钙(C-H)等(Taylor, 1964; Fall et al., 2010)。同时，较多的水化产物还将促使产生更加密实的孔隙结构[图 2-11(b)]，这对充填体强度也是有利的(Wang et al., 2016)。这说明，初始温度在 50℃时，充填体内部的孔隙结构变粗，较粗的孔隙结构可以通过图 2-11 中破坏后的充填体截面图片明显看出。图 2-11(b)中充填体截面可以看到明显凹陷，即孔隙，在图 2-11(a)中 35℃情况下该现象则不明显。这是充填体截面宏观角度的观测，在 2.7 节将通过 SEM 微观分析对 35℃和 50℃充填体微观结构进行对比分析，进一步佐证该观点。

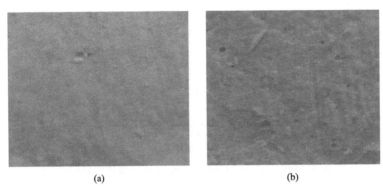

(a)　　　　　　　　　　　(b)

图 2-11　不同初始温度养护 7d 充填体破坏后内部孔隙结构
(a) 35℃；(b) 50℃

2.7　初始温度对充填固化行为影响机理分析

微观分析是研究充填体固化行为发生机理的重要手段，微观分析可以探究充填体内部的微观变化，进而解释宏观的实验规律。全尾矿充填体力学性能影响机理可以通过水化产物的多少进行揭示。一般来说，水化产物多，尾矿颗粒间的黏聚力和啮合力要大一些，充填体强度就大。本节从 DTA 和 XRD 两个角度对不同温度下水泥净浆水化产物进行对比分析。

本实验发现该 DTA 主要存在三个吸热峰。第一个峰发生在 100～200℃，主要是充填料水化反应生成的 C-S-H、石膏和 AFt 等物质脱水造成的；第二个峰主要发生在温度为 400～500℃时，该峰主要是 C—H 脱羟基的原因；第三个峰主要发生在温度为 600～700℃时，这个峰主要是由于 CO_3^{2-} 受热分解 (Zhou and Glasser, 2001；Fall et al., 2010)。图 2-12 给出了初始温度为 2℃和 35℃时 7d 水泥浆体的 DTA 结果。水泥浆体 DTA 对比结果显示，在初始温度为 35℃时，水泥浆体在 400～500℃时吸热峰值要高于 2℃。这表明初始温度为 35℃时充填料形成的水化产物总量要多一些，说明初始温度为 35℃时生成的 C-H 要高于 2℃时生成的 C-H。35℃时生成的水化产物更多地填充到充填体的孔隙中，最终使初始温度为 35℃对应的充填体的强度高于 2℃对应的充填体的强度。

XRD 是一种分析物质中的物相种类以及内部结构的常用方法。通过该微观分析，可以得到充填体试块在不同养护时间内其水化产物的种类及数量的变化。图 2-13 对初始温度为 2℃和 20℃情况下水泥浆体试样进行 XRD 分析，获得与差热分析一致的结果。该图表明，相比 2℃而言，当初始温度为 20℃时，水泥浆体总的水化产物量要多一些[图 2-13(b)]。例如，C-H 衍射强度在 20℃[图 2-13(b)]时要高于 2℃时[图 2-13(a)]。由这

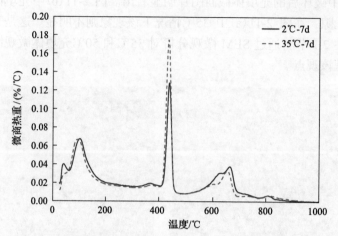

图 2-12　初始温度为 2℃和 35℃时 7d 水泥浆体的 DTA 结果

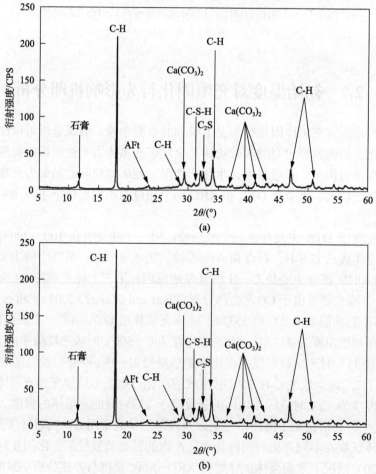

图 2-13　初始温度对 7d 时水泥浆体 XRD 结果的影响

(a) 2℃；(b) 20℃

两个图可以看出，在初始温度为 2℃、衍射角为 18°时，C-H 强度为 210.5CPS，而同样的衍射角度，初始温度为 20℃时，C-H 强度大约为 238.2CPS。同样的观测方法，当衍射角分别为 34°、47°、51°时，C-H 强度在 20℃时同样要大于 2℃时的强度。初始温度为 20℃时生成的 C-H 含量要高于 2℃时生成的 C-H 含量。20℃时生成的水化产物更多地填充到充填体的孔隙中，最终使初始温度为 20℃对应的充填体的强度高于 2℃对应的充填体的强度。

上述 DTA 和 XRD 分析结果均说明温度较高时，水化反应速率加快，充填体早期强度大（小于 28d）。养护时间长，充填体强度大这一观点是较为普遍认可的。实际上，也是由于随着养护龄期的延长，水泥不断进行水化反应，产生较多的水化产物，致使其强度增加。这一观点通过初始温度 35℃、养护时间为 1d 和 7d 的水泥净浆热重分析/差热分析（TG/DTA）结果可以证实，如图 2-14 所示。可以明显看出，初始温度为 35℃的水泥浆体在 50~150℃、450℃和 650℃三个吸热峰值位置，养护 7d 吸热峰值大于 1 天，这说明 7d 试样总的水化产物量大于 1d 时。

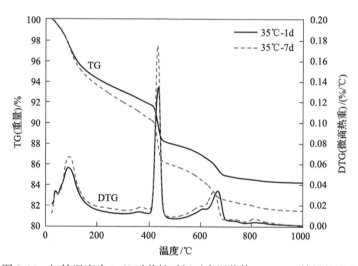

图 2-14　初始温度为 35℃时养护时间对水泥浆体 TG/DTA 结果的影响

图 2-10 中，出现当充填料初始温度为 50℃时，其 7d 之后强度较 35℃略有下降，28d 强度与 20℃基本相等的"强度逆增现象"，这主要是高温所致。过高的养护温度可以加速水泥基材料初期反应速率，但是不利于其远期水化反应动力学（Kjellsen and Detwiler，1992；Escalante-Garcia，2003；Fall et al.，2010）。因为初期快速的水化反应过程使得水化产物分布不均，密实的水化产物包围在润湿的水泥颗粒周围，阻止了其随后的水化反应，如图 2-15 所示。最终使得水泥基材料孔隙结构较粗，这对其强度是不利的（Kjellsen and Detwiler，1992；Escalante-Garcia，2003；Elkhadiri and Puertas，2008；Fall et al.，2010）。

当初始温度为 50℃时，充填体养护后期具有较粗的孔隙结构，这一观点通过 SEM 微观分析进行验证。采用 Hitachi S4800 SEM 分析设备对未抛光的 35℃和 50℃充填体样品进行显微观察，设备如图 2-16 所示。

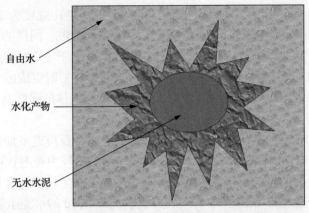

图 2-15　高温情况下水化产物对无水水泥包裹示意图

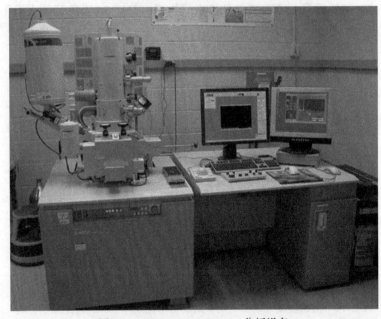

图 2-16　Hitachi S4800 SEM 分析设备

图 2-17 和 2-18 给出了温度为 35℃和 50℃充填体 SEM 微观结构图。由该图可以看

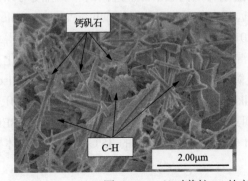
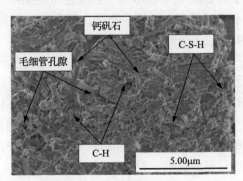

图 2-17　35℃时养护 7d 的充填体在不同尺度下的 SEM 图

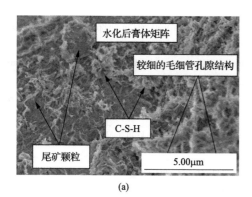 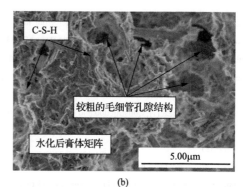

图 2-18 不同初始温度养护 28d 的充填体 SEM 图

(a) 35℃时；(b) 50℃时

出，水泥充填材料微观结构可分为四相：未反应的水泥、表层产物（包括连贯孔隙）、孔隙产物（包括未连通孔隙）、毛细管孔隙。在图 2-17 中的 SEM 图可以明显观察到 7d 时充填体的主要水化产物，包括充填体表面产物 C-S-H，以及呈现晶状体形状的孔隙产物 C-H。波特兰水泥研究显示，AFt 在 C-H 沉淀物形成 3h 后产生（Lothenbach and Wieland，2006）。因此，棒状晶体 AFt 大量地填充于毛细管孔隙，该现象可以通过图 2-17 观察到。

通过 SEM 图还可以观察到，当养护龄期小于 7d 时，水化产物有 AFt、少量的 C-H 和 C-S-H。AFt 和 C-H 增长填充毛细管孔隙被认为是充填体早期凝结和强度增长的重要原因。相反，在 28d 的 SEM 图中出现大量的 C-S-H 和少量的 AFt。C-S-H 被认为是连接尾矿颗粒和填充孔隙的重要化学反应产物。在固相颗粒间的毛细管孔隙是充填体内部自干燥行为和基质吸力发展所致。水化反应使得孔隙中的水被吸出，水被吸出的速度要快于水化产物沉淀的速度，因此在养护早期会出现连通的毛细管孔隙。这些毛细管孔隙随着养护龄期的延长会被水化产物（如 C-S-H 和 C-H）进一步填充。

初始温度为 35℃时，对比 7d 与 28d SEM 图可以看出，28d 情况下尾矿颗粒更加紧密，并且被水化产物完全包围。尾矿颗粒间的孔隙被水化产物填充，产生了密实的矩阵结构。同时，一些孤立的孔隙和压实的结构也可以看到，自干燥行为的发展将毛细管网结构分隔开。这些微观结构使得充填体具备更高的强度性能。

图 2-18 给出了 35℃和 50℃初始温度下充填体养护 28d 时的 SEM 对比情况。可以明显看出，50℃时，28d 充填体出现较粗的毛细管孔隙，这也是其强度低于 35℃的主要原因。微观 SEM 分析结果与物理性能孔隙率测试相一致。

参 考 文 献

Barnett S, Soutsos M, Millard S. 2006. Strength development of mortars containing ground granulated blast-furnace slag: Effect of curing temperature and determination of apparent activation energies[J]. Cement and Concrete Research, 36 (3)：434-440.

Brooks J J, Kaisi, A F. 1990. Early strength development of Portland and slag cement concretes cured at elevated temperature [J]. ACI Material Journal, 87: 503-507.

Elkhadiri I, Puertas F. 2008. The effect of curing temperature on sulphate-resistant cement hydration and strength[J]. Construction and Building Materials, 22 (7)：1331-1341.

Escalante-Garcia J I. 2003. Nonevaporable water from neat OPC and replacement materials in composite cements hydrated at different temperatures[J]. Cement and Concrete Research, 33(11): 1883-1888.

Escalante-García J I, Sharp J H. 2001. The microstructure and mechanical properties of blended cements hydrated at various temperatures[J]. Cement and Concrete Research, 31(5): 695-702.

Fall M, Samb S. 2006. Influence of curing temperature on strength, deformation behaviour and pore structure of cemented paste backfill at early ages [J]. Construction and Building Materials, 23(8): 125-128.

Fall M, Adrien D, Célestin J C. 2009. Saturated hydraulic conductivity of cemented paste backfill[J]. Minerals Engineering, 22(15): 1307-1317.

Fall M, Celestin J, Pokharel M. 2010. A contribution to understanding the effects of curing temperature on the mechanical properties of mine cemented tailings backfill[J]. Engineering Geology, 114(3): 397-413.

Fredlund D G, Rahardjo H. 1993. Soil Mechanics for Unsaturated Soils[M]. New York: John Wiley & Sons.

Hansson I L H, Hansson C M. 1985. Ion-conduction in cement-based materials[J]. Cement and Concrete Research, 15(2): 201-212.

Heikal M, Morsy M S, Aiad I. 2005. Effect of treatment temperature on the early hydration characteristics of superplasticized silica fume blended cement pastes[J]. Cement and Concrete Research, 35(4): 680-687.

Helinski M, Fourie A, Fahey M. 2007. Assessment of the self-desiccation process in cemented mine backfills[J]. Canadian Geotechnical Journal, 44(44): 1148-1156.

Kim J K, Han S H, Song Y C. 2002. Effect of temperature and aging on the mechanical properties of concrete: Part I. Experimental results[J]. Cement and Concrete research, 32(7): 1087-1094.

Kjellsen K O, Detwiler R J. 1992. Reaction kinetics of portland cement mortars hydrated at different temperatures[J]. Cement and Concrete Research, 22(1): 112-120.

Liu H, Zhang M, Wang Y. 2012. Modeling the coupled effects of temperature and fineness of Portland cement on the hydration kinetics in cement paste[J]. Cement and Concrete Research, 42(3): 526-538.

Lothenbach B, Wieland E. 2006. A thermodynamic approach to the hydration of sulphate-resisting Portland cement[J]. Waste Management, 26(7): 706-719.

Lothenbach B, Winnefeld F, Alder C. 2007. Effect of temperature on the pore solution, microstructure and hydration products of Portland cement pastes[J]. Cement and Concrete Research, 37(4): 483-491.

Ma W, Sample D, Martin R. 1994. Calorimetric study of cement blends containing fly ash, silica fume, and slag at elevated temperatures[J]. Cement, Concrete and Aggregates, 16(2): 93-99.

Nasir O, Fall M. 2009. Modeling the heat development in hydrating CPB structures[J]. Computers and Geotechnics, 36(7): 1207-1218.

Salem T M, Ragai S M. 2001. Electrical conductivity of granulated slag-cement kiln dust-silica fume pastes at different porosities[J]. Cement and Concrete Research, 31(5): 781-787.

Sant G. 2012. The influence of temperature on autogenous volume changes in cementitious materials containing shrinkage reducing admixtures[J]. Cement and Concrete Composites, 34(7): 855-865.

Sinthaworn S, Nimityongskul P. 2011. Effects of temperature and alkaline solution on electrical conductivity measurements of pozzolanic activity[J]. Cement and Concrete Composites, 33(5): 622-627.

Taylor H F W. 1964. The Chemistry of Cements[M]. London and New York: Academic Press.

Topçu İ B, Uygunoğlu T, Hocaoğlu İ. 2012. Electrical conductivity of setting cement paste with different mineral admixtures[J]. Construction and Building Materials, 28(1): 414-420.

Verbeck G J, Helmuth R H. 1969. Structures and physical properties of cement paste[C]// Proceedings of the 5th International Symposium on the Chemistry of Tokyo, Tokyo.

Wang Y, Fall M, Wu A. 2016. Initial temperature-dependence of strength development and self-desiccation in cemented paste backfill that contains sodium silicate[J]. Cement and Concrete Composites, 67: 101-110.

Wu A X, Wang Y, Zhou B. 2016. Effect of initial backfill temperature on the deformation behaviour of early age cemented paste backfill that contains sodium silicate[J]. Advances in Materials Science and Engineering, 1075: 1-10.

Wu D, Fall M, Cai S J. 2013. Coupling temperature, cement hydration and rheological behaviour of fresh cemented paste backfill[J]. Minerals Engineering, 42 (2) : 76-87.

Zhou Q, Glasser F P. 2001. Thermal stability and decomposition mechanisms of ettringite at <120°C[J]. Cement and Concrete Research, 31 (9) : 1333-1339.

第 3 章

质量浓度对充填固化过程的影响

温度是充填体在采场中面临的外部因素,质量浓度对充填料来说便是一种自身特性。质量浓度是指充填料浆中固体质量占充填料浆总质量的百分比,质量浓度对于充填料浆的流动性、管输特性、搅拌效果及充填体结构稳定性等具有重要的影响(尹升华等,2020;Guo et al.,2020;马展博等,2020;Behera et al.,2020;李洪宝等,2021)。质量浓度对于充填体强度会产生较大的影响,对于充填体结构的设计具有重要的理论研究价值。目前的研究主要侧重于质量浓度对于养护至特定龄期的充填体强度的影响,忽略了不同质量浓度条件下充填料固化过程的研究,没有将充填料固化过程的多场性能考虑其中,不能认清充填料固化过程内部发生的变化。所以说,研究质量浓度对充填固化行为的影响对于金属矿充填固化理论研究及工程实践具有重要意义。

本章将介绍一种基于第 2 章所示的实验装置基础上改装的新型充填料多场性能监测装置及其监测方法,并对不同质量浓度影响条件下充填料多场性能的演化规律进行研究,并通过微观分析揭示多场性能以及单轴抗压强度的演化机理。

3.1 新型固化过程性能监测装置及实验方法

3.1.1 新型充填固化过程监测装置

充填料进入采场后,会受到很多外界因素影响。首先就是热力学因素,即采场温度及传热效应,由于采场条件不同,本书不考虑采场温度对充填体的影响,只考虑围岩的传热效应。然后是水的因素,包括水的成分、蒸发和渗流,这里由于水的成分变化极其复杂,暂不考虑,采用自来水作为充填水;一般充填采场构筑的挡墙可以使水分渗出和蒸发,因此渗出和蒸发的水也需要详细考虑。

第 2 章所述的实验装置是在加拿大渥太华研制的,该装置有保温棉起到保温作用,主要用于研究温度,而第 3 章以及第 4 章的研究内容(质量浓度和灰砂比)均是在恒温条件(室温)下开展相应的实验研究,所以需要研制一种不需保温功能的简易实验装置。本章所采用的实验装置是在北京科技大学研制的,该装置是基于第 2 章的实验装置进行改造研制的新型实验装置,具有便携、更易拆卸、适应性强等优点。该装置的示意图和实物图分别如图 3-1 和图 3-2 所示。该装置主要由传感器和数据采集装置、充填料养护装置、计算机及软件三大部分组成。

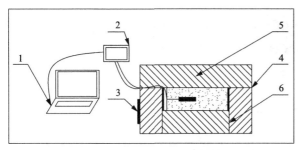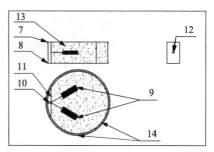

图 3-1　便携式充填料多场性能监测模拟装置示意图

1-计算机；2-数据采集器 EM50；3-温度计；4-箱体；5-保温材料；6-固定圆筒；7-上密封盖；8-下密封盖；9-传感器；
10-线孔；11-传感器固定板；12-传感器固定点；13-充填料浆；14-分体式料盒

图 3-2　便携式充填料原位监测模拟装置实物图

1. 传感器及数据采集装置

采用 5TE 和 MPS-6 两种传感器及 EM50 数据采集器（图 3-3）。5TE 传感器是 Decagon 公司在 2006 年生产的一款可以同时测定水分含量、电导率和温度的多功能传感器。5TE 传感器通过提供 70MHz 频率的振荡电磁波，在周围产生电磁场，对周围介质充电。介质中储存的电量与介质的介电常数及体积含水率成正比，通过测量充电量测量体积含水率。电导率则是通过使用双探针阵列，对两个电极施加不断变换的电流，测量电极之间的电阻获得。温度则是通过温敏电阻测量。

MPS-6 传感器也是美国 Decagon 公司生产的，采用一个湿度传感器和一块多孔材料组成。其中，多孔材料采用已知水分释放曲线的多孔陶瓷制成，当其与周围介质达到水分平衡后，传感器测量多孔陶瓷水分含量，并根据水分释放曲线换算水势，即为基质吸力。其量程为-2000～-9kPa，精度在-9kPa 到-100kPa 时为±（10%+2kPa）。

EM50 数据采集器是美国 Decagon 公司生产的 ECH_2O 土壤含水量监测系统的核心部件,其具有 5 通道,可以同时采集 5 个传感器的数据,使用方便,配合软件 ECH2O Utility,可以方便地采集、储存和导出传感器数据。

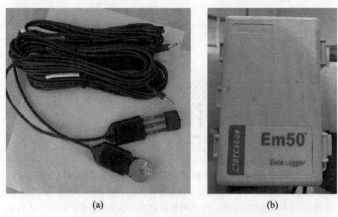

(a)　　　　　　　　　(b)

图 3-3　5TE 传感器、MPS-6 传感器和 EM50 数据采集器

(a) 5TE 和 MPS-6；　(b) EM50

2. 充填料养护装置

该充填体养护装置主要由分体式料盒(带上下盖)、箱体、传感器固定板、隔热材料和固定环组成，如图 3-4 所示，该装置结构具体介绍如下。

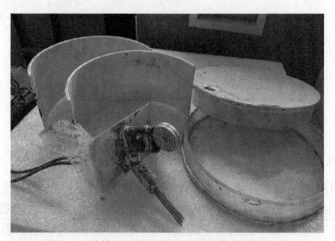

图 3-4　分体式充填料养护装置及传感器固定板

分体式料盒设计由两个半圆形板筒壁、上下两块密封盖组成，主要用于盛放充填料。为避免纵向应力的影响并放置传感器，料盒高径比设计为 1∶2，直径设计为 20cm，高度设计为 10cm，并且可以通过分体式料盒的缝隙及敞开的上盖模拟采场的水分渗透和蒸发。

箱体内部和固定环之间紧密地充满了保温材料，箱体置于养护室中。

固定环，主要用于固定料盒位置。

隔热材料，在箱体和固定环之间密实地充满，模拟充填料在采场中围岩传热情况，使实验结果更接近实际情况，方便实验研究。

传感器固定板，主要用于固定传感器，与料盒等高。为避免两枚传感器存在高度差带来的影响，因此传感器固定板中间同一高度开有两夹角 60°的传感器孔，传感器固定板长 10cm，高度 10cm。

3. 计算机及软件

计算机部分主要为数据采集软件 ECH₂O Utility（图 3-5），该软件可以采集 EM50 数据采集器中储存的数据，并生成相应表格，并能实时查询传感器数据。该软件可以设置传感器采样周期，从 1min 采集一次到 24h 采集一次随使用需要调节，并能储存大量数据，1min 采集一次也可储存一年的数据。本次实验设定数据采集间隔为 1h。

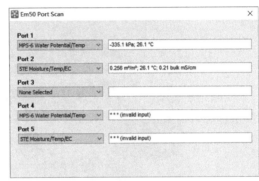

图 3-5　ECH₂O Utility 软件图及实时数据监测

该装置各部分位置及细节如下：分体式料盒位于箱体水平和竖直中心位置，充填料充满分体式料盒，料盒盖密封扣在分体式料盒顶部，盖上有传感器线孔，料盒密封盖与料盒及密封盖上线孔均采用密封材料密封。固定圆柱桶位于分体式料盒外部，隔热材料紧密充填于固定圆柱桶和实验箱之间，分体式料盒顶部及底部也都有隔热材料。分体式料盒内部有一与料盒等高分布着两个夹角为 60°孔洞的传感器固定板，传感器固定在此板上的同一高度并存在夹角 60°。数据采集器与传感器相连，数据采集器连接于计算机，温度计放置于箱体外侧，整个装置放置于养护室内。

该装置能够精确测量模拟充填料在采场养护过程中热-水-力-化等性能。主要有以下几个优点：第一，充填料采用分体式料盒密封隔热盛放。模拟充填料原位固化过程，获取数据更贴近采场实际。实验结束后便于取出传感器，避免充填料固化后难以安全取出传感器的问题，极大地减少了工作量和操作失误造成的不必要损失。第二，料盒采用小高径比，料盒减少了纵向应力对实验的影响，符合采场实际情况，有利于采场多场性能的研究。第三，两枚传感器布置在充填料浆中同一高度，并形成 60°夹角，减少传感器间的相互影响，避免因测量不同高度料浆造成的误差，实验精度更高。

3.1.2　实验材料及实验方法

实验材料包括贵州某磷石膏矿山尾矿（P_2O_5 含量为 9.95%）、胶凝材料为普通硅酸盐水泥，强度等级为 325，拌和水使用实验室自来水，pH 在 6.5 左右。实验过程主要包括充填体试块制备及其养护、多场性能监测实验，以及微观性能分析实验。

1. 充填料浆实验配比确定

本实验先进行了充填料浆制备的预实验，使用 R/S-SST Plus 流变仪测定充填料浆流变性能，美国 Brookfield 生产的流变仪 R/S-SST Plus 通过控制剪切速率和剪切应力，获得样品的流变曲线，可以对样品进行从初始屈服应力到松弛、恢复和蠕变的流变学研究。矿山实际应用的灰砂比多为 1：8，且要求料浆的屈服应力在 100～200Pa 范围内。通过预实验，如图 3-6 所示，确定采用灰砂比 1：8，固相质量浓度范围 72%～78%的充填料浆进行实验。具体充填料浆配比及养护时间见表 3-1。

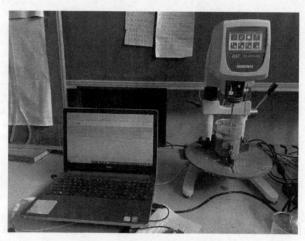

图 3-6　预实验屈服应力测定

表 3-1　充填料浆实验配比方案

编号	养护时间/d	尾砂/kg	水泥/kg	水/kg	总质量/kg	浓度/%	灰砂比
C_{1-1}	1						
C_{1-2}	3						
C_{1-3}	7	9.71	1.21	3.08	14	78	1：8
C_{1-4}	28						
C_{2-1}	1						
C_{2-2}	3						
C_{2-3}	7	9.46	1.18	3.36	14	76	1：8
C_{2-4}	28						
C_{3-1}	1						
C_{3-2}	3						
C_{3-3}	7	9.21	1.15	3.64	14	74	1：8
C_{3-4}	28						
C_{4-1}	1						
C_{4-2}	3						
C_{4-3}	7	8.96	1.12	3.92	14	72	1：8
C_{4-4}	28						

2. 充填体试块相关实验研究

根据上述充填料浆实验配比，进行充填体试块的制备。充填体试块制备主要包括料浆搅拌、装模、养护三个环节。

(1)料浆搅拌。试块制备时，先将尾砂烘干，按照灰砂比 1∶8，质量浓度分别为 72%、74%、76% 和 78%，加入相应量的自来水之后，制成充填料浆。使用搅拌机进行搅拌，本研究使用的搅拌机为德国 Oulaide 公司生产的型号为 GTH-100 的多功能搅拌机(图 3-7)。该搅拌机搅拌杆较长，且具有 6 挡转速调节，可以一次性搅拌大量料浆，使每次相同浓度料浆的实验使用同一次搅拌出的料浆，提高实验的准确性。由于料浆浓度及灰砂比较高，搅拌过程要迅速；并且为了防止搅拌过程中料浆飞溅，首先低速搅拌 1min，再高速搅拌 2min，确保充填料浆被搅拌均匀，料浆内部无明显成团物料。

图 3-7 充填料浆搅拌

(2)装模。在试件制作时，采用 7.07cm×7.07cm×7.07cm 的三联试模。将搅拌均匀的充填料浆灌入三联试模之前，需在模具内刷涂一层机油。取部分制备好的充填料浆，将试模灌满之后，使用捣棒沿一定方向捣 20 次，然后振荡 10~20 次排出气泡。静置 15~30min 后，用钢尺或刮板将高出的部分刮去抹平。最后将试模放在室温下，静置 24h 之后进行编号、脱模(图 3-8)。

图 3-8 待脱模的试块

(3)养护。将脱模后的充填体试块,水平地放置在养护箱中(图3-9)。使用国产的标准恒温恒湿养护箱,型号为YH-40B型。其容量大,温度、湿度调节简单,控制方便。养护箱的温度每天随充填体多场性能监测模拟装置内的传感器数据调节,保证养护条件相似。

图3-9 充填体试块养护箱

养护箱湿度和温度根据同时进行的充填料多场性能监测实验中传感器5TE的温度读数,每天定时更改。养护至1d、3d、7d和28d龄期时取出(图3-10),进行单轴抗压强度等力学测试及XRD、SEM、TG/DTA、压汞仪测试等微观分析实验。

图3-10 养护中的充填体试块

3. 充填料多场性能监测实验

充填料浆的多场性能监测实验主要由装置组装、料浆填入和养护监测三部分组成。

(1)装置组装。将隔热材料密实地填满固定环与箱体之间,将两个半圆形筒壁合并在一起并盖好底部密封盖。将传感器固定在传感器固定板上,传感器与固定板之间缝隙用密封材料密封,紧贴筒壁放置于料盒中。将配置好的充填料浆倒入分体式料盒中,并采用柱状硬质捣棒将料浆中空气导出,盖上密封盖,传感器连接线从上盖预留的孔中引出,并使用密封材料密封预留孔及上密封盖与筒壁间缝隙。将传感器连接于数据采集器,将数据采集器连接至计算机,开始收集数据。

(2)料浆填入。按照表 3-1 的配比制备料浆,一部分用于充填体试块的制备,另一部分灌入分体式料盒内。灌入过程需要确保传感器水平,灌满分体式料盒之后使用捣棒沿一定方向捣 20～30 次,然后需振动 30 次排出气泡,使传感器与料浆充分接触。盖好上盖之后将整个料盒放入箱体里的固定环中,连接好传感器与数据采集器。

(3)养护监测。将整个箱体放于室内,并记录室温。将数据采集器与计算机相连,利用 ECH$_2$O Utility 软件先清空数据采集器中的数据,然后设定采集间隔为 1h,开始养护监测。每天定时导出数据,并根据导出数据中的温度改变试块的养护箱温度,到养护 28d 为止。取出分体式料盒,清理设备,为下一组实验做好准备。

4.微观分析实验

充填体是一种水泥基的多孔结构体。可以从其固-液-气三相组成的结构(黄延亮,2017)入手,通过分析其水化产物的种类、数量和空间分布,以及充填体的孔隙结构,可以将这些对充填体物理力学性能产生影响的微观因素与宏观的充填体强度结合起来。本书主要采用 XRD、TG/DTA 以及 SEM 分析等手段,对充填体水化产物及孔隙结构演化进行分析。

1)XRD 分析实验

通过不同的衍射角度确定充填体的不同水化产物成分,进而解释不同养护条件对充填体强度的影响机理。由于试块的水化反应是不断进行的,需要在进行 XRD 分析之前终止其水化进程。具体操作方法如下:取单轴抗压实验结束后的破损试块,取适量试块浸入无水乙醇中 24h,然后取出,在 40～50℃的烘箱中烘干 24h,阻止水化反应继续进行,便于进行规定龄期的 XRD 分析。

2)TG/DTA 实验

本书使用的热重分析仪型号为 DTG-60A,具有自动化程度高、同时可放进 24 个样品等优点。本书中充填体的水化产物有三个主要吸热峰。第一个峰在温度 100～200℃时出现,其原因是水化产物(如 C-S-H、碳铝酸盐、AFt 和石膏)脱水造成的;第二个峰在温度为 400～600℃时出现,这个峰是 C-H 脱羟基作用产生的;第三个峰在温度为 650～750℃时出现,这个峰值是水化产生和原有的 CO$_3^{2-}$分解造成的(Fall et al., 2010)。同样,因为试块的水化反应是不断进行的,需要在进行 TGA 之前终止其水化进程。具体操作同 XRD 分析。

3)压汞测孔实验

孔隙率测试采用 MIP 压汞测孔仪的型号为 Auto Pore IV 9500 型全自动压汞测孔仪,选取四组试块养护至 28d 后,进行压汞测孔实验。实验前需要对试样进行处理,取单轴抗压实验结束后的破损试块，取适量试块浸入无水乙醇中 24h，然后取出在 40~50℃的烘箱中烘干 24h，阻止水化反应继续进行。然后再对试块进行压汞测孔实验。

4) SEM 分析实验

本书使用的场发射扫描电子显微镜型号为 ZEISS Gemini 500，其具有高对比度、低电压成像的优点，使得低电压下的二次电子成像分辨率也极为出色。由于充填体强度较低，具有不易导电的特性，需要对样品提前处理。将单轴抗压实验结束后的破损试块制成标准块大小，浸入无水乙醇中 24h，再取出在 40~50℃的烘箱中烘干 24h，阻止水化反应继续进行。然后取适量环氧树脂，滴在试块上将试块固化以防制样过程中试样损坏。还需将试块包裹铝箔，并喷碳增强其导电性，贴好导电胶后放入场发射扫描电子显微镜进行表面形貌观测拍摄。

3.2 质量浓度对充填固化过程体积含水率的影响

模拟的充填体时刻处于与外界进行热传递的状态，即模拟围岩的热交换状态，即该实验是在恒温的养护条件下进行的，同时充填料的初始温度相差不大，不能反映水化进程，因此本章不对质量浓度对充填固化过程中温度的影响进行探究。

将制备好的不同浓度的充填料浆装入充填多场性能监测模拟设备中后，开始对充填体的体积含水率进行 28d 的连续监测，监测结果如图 3-11 所示。

由图 3-11 可知，随着养护时间的延长，充填体的体积含水率在养护初期的 0~8h 内不断增加，随后减小。这是由于在养护初期，充填体内部的自由水在重力作用下不断迁移，此时水化反应消耗水的速率小于自由水的迁移速率，造成充填体内部含水率上升；养护 8h 之后，随着自由水迁移接近结束，其迁移速率也降低，而水化反应仍在不断进行中，消耗水的速率大于自由水的迁移速率，使得充填体内部含水率降低；随着浓度的增

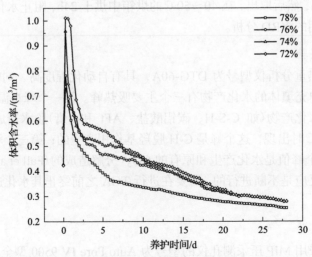

图 3-11　不同料浆浓度的充填体体积含水率随养护时间的变化

加，早期体积含水率的最高值越大，持续时间也越长，由于充填体早期体积含水率的最高值和持续时间对充填体孔隙水压力具有重要影响（Abdul-Hussain，2010；Abdul-Hussain and Fall，2012），这也从充填体体积含水率方面验证了充填体强度随浓度增加而增加；值得注意的是，由于充填料浆中所含的 P_2O_5 等物质，在水泥水化反应时形成的 $Ca_5(PO_4)_3F$ 等物质覆盖在未反应水泥颗粒表面阻碍水化反应的进行，致使四种料浆浓度的充填体孔隙率都较高，充填体的渗透性较强。因此，在养护后期，随着蒸发作用和水化反应的耗水，料浆中的拌和水都已基本消耗殆尽，充填体中的体积含水率的主要影响因素与环境湿度有关，四种料浆浓度的充填体置于同一环境湿度下，其养护后期的体积含水率相差不大。

3.3　质量浓度对充填固化过程基质吸力的影响

充填体在养护阶段，也是存在固-液-气三相共存的情况，与非饱和土情况类似，因此可以将非饱和土中的基质吸力借鉴到充填料固化过程中，使用基质吸力来量化表征充填料固化过程中力学性能的演化规律。

采用充填料多场性能监测装置，模拟充填料浆进入地下采场之后的状态，包括表面暴露造成水分蒸发和岩壁裂隙造成的水分渗出。随着养护时间的延长，当料浆从饱和状态发展成为不饱和状态之后，料浆内部的水泥继续发生水化反应，消耗料浆内部的水分，导致充填体内部含水率降低，基质吸力增大。其中，基质吸力的影响因素主要包括水泥的水化作用消耗的水和养护环境中的空气湿度，并且在养护开始阶段主要由料浆含水率和水泥的水化作用影响，这阶段料浆含水率较高，对充填体基质吸力影响较大；在养护一定时间后，由于水泥的水化作用及水分蒸发和渗透作用，充填体内部含水率降低，这阶段主要对充填体基质吸力产生影响的为环境湿度。需要注意的是，本节只是模拟料浆进入室温采场后的正常传热过程，因此对充填料固化过程中环境温度暂不考虑。使用充填料浆原位模拟监测设备，设定养护室温度为室温25℃，进行不同浓度的充填体养护28d的基质吸力进行连续监测实验。

充填料固化过程与非饱和土干燥过程的变化类似，借助 MPS-6 传感器监测充填料固化过程中的基质吸力变化，设定数据采集器采集间隔为 1h，为了使数据更清晰，选取每 8h 的基质吸力数据进行处理，不同料浆浓度的充填体的基质吸力测量结果如图3-12 所示。

由图 3-12 可知，随着养护时间的增加，充填体的基质吸力也随之增加，这是由于在充填料养护过程中水分蒸发和水化反应消耗，导致自由水减少、基质吸力增加；随着料浆浓度的增加，相同养护龄期条件下，充填体的基质吸力也逐渐增加。四种料浆浓度下基质吸力的变化趋势都分为三个阶段：第一个阶段是初期基质吸力变化不明显阶段。第二阶段是基质吸力快速变化阶段，这阶段基质吸力快速增大，是水化反应和蒸发作用的共同作用结果。第三阶段为基质吸力平稳阶段，这阶段基质吸力变化不大，基本平稳；在料浆养护初期，四种料浆浓度的充填体基质吸力变化都不明显，这是由于养护初期充填料浆处于饱和或过饱和状态，充填体会有轻微泌水的情况出现，并且随着料浆浓度降低，料浆中含水率越高，基质吸力缓慢变化持续时间越长，这一阶段的基质吸力一般小于 40kPa；基质吸力快速变化阶段出现在养护 3～7d 时，且随着料浆浓度的增加，这一阶段持续的时间越长，最终的基质吸力越大；在基质吸力平稳发展阶段，四种料浆浓度的充填体基质吸力变化不明显，基质吸力取决于快速变化阶段结束时的基质吸力；料浆浓度 78%的充填体在养护 1d 时就已经进入快速发展阶段，其他组在 1d 时还在基质吸力变化不明显阶段，说明料浆浓度 78%的充填体在 1d 时水化反应耗水和蒸发散失水，开始消耗料浆内部水分，这也验证了单轴抗压强度测试中只有78%浓度组强度足以自立的结果；料浆浓度 78%的充填体在基质吸力超过 200kPa 之后的曲线存在明显波动，这可能是在基质吸力大于 200kPa 之后，由于传感器设计问题及充填体过分干燥，使得测量准确度出现问题，不能很好地反映充填体内部基质吸力的实际变化情况。

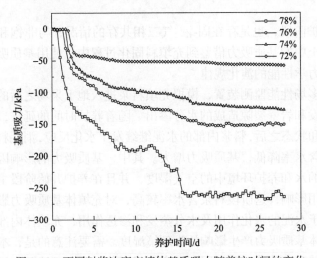

图 3-12　不同料浆浓度充填体基质吸力随养护时间的变化

3.4　质量浓度对充填固化过程电导率的影响

电导率是一种有效监测水泥水化进程的方法，可以实现对水化产物结构变化的跟踪（Hansson I L H and Hansson C M，1985）。因此，可以通过对充填体养护过程中电导率的监测来评估充填体的水化反应进程。使用充填料多场性能监测装置对四种料浆浓度的充填体电导率进行监测，监测结果如图 3-13 所示。

由图 3-13 可知，四种浓度充填料电导率都是先迅速上升到峰值后，再缓慢下降，最终近似一致；还可以看出，随着料浆浓度的增加，电导率的峰值出现时间也提前，这说明充填料浆的质量浓度越高，其水化反应的速率越快，消耗充填料中离子的能力越强，致使充填体的电导率达到峰值所需的时间越短；当充填料浆浓度分别为 78%、76%、74%和 72%时，电导率峰值出现的时间分别为 7h、8h、11h 以及 14h，可以确定电导率峰值出现时间随浓度增加而提前；最终四种浓度的电导率趋于一致，这是由于养护后期，充填体的体积含水率下降，导致离子传递能力降低，电导率也随之降低。

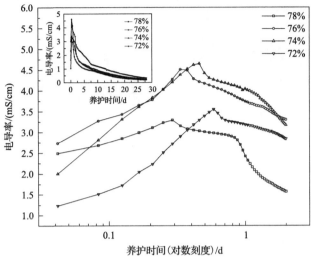

图 3-13　充填体电导率随养护时间的变化

3.5　质量浓度对充填固化过程单轴抗压强度的影响

一般来说，对于同一灰砂比的充填体，随着料浆浓度的增加，其单轴抗压强度也会增加，呈线性正相关趋势（袁志安和王洪江，2014），并且随着养护时间的延长，充填体强度也有所增加，其强度会呈现初期较快、后期较慢的增长趋势。但是对于磷尾矿，由于其含有的化学成分会使充填体早期强度的增长趋势有所变化。本节对不同浓度、养护龄期充填体单轴抗压强度进行分析，探究其单轴抗压强度变化趋势。

为获得充填体的单轴抗压强度的演化规律，按 3.1.2 节中所述的试块制备方法进行充填体试块的制作及其测试。将不同浓度不同养护龄期的充填体试块进行单轴抗压实验，实验测试的单轴抗压强度结果见表 3-2。

表 3-2　充填体单轴抗压强度

料浆浓度/%	单轴抗压强度/MPa			
	1d	3d	7d	28d
78	0.3	1.1	1.9	3.2
76	0	0.5	1.0	1.4
74	0	0.4	0.7	1.0
72	0	0.2	0.3	0.7

注：表中单轴抗压强度为 0 的部分是因为试块强度低于压力机的最低标准 0.1 MPa，因水化程度太低而表现出塑性，没有抗压能力，如图 3-14 所示。

图 3-14　水化程度太低表现为塑性的试块

图 3-15 和图 3-16 是根据表 3-2 绘制出的不同料浆浓度下充填体单轴抗压强度随时间的变化图和不同料浆浓度下充填体单轴抗压强度随时间的增加速率图。通过这两幅图可以直观地观察到不同料浆浓度条件下与充填体强度的演化过程。

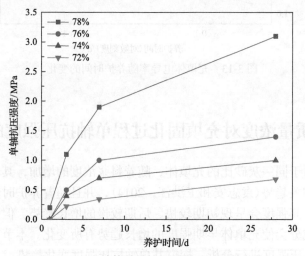

图 3-15　充填体单轴抗压强度随时间的变化

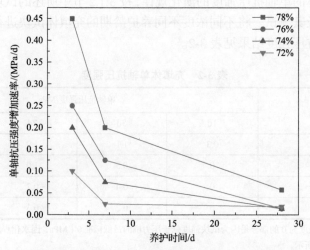

图 3-16　充填体单轴抗压强度随时间的增加速率图

在料浆浓度设置为 78%时,其 24h 后就具有 0.2MPa 的强度,说明水化反应已经进行了一段时间,产生了部分水化产物,可以自立并且有一定的强度,而料浆浓度为 76%、74%及 72%时,试块在 24h 养护之后都因为水化程度不高而表现为塑性;随着时间的延长,四种料浆浓度的试块强度均有所增加,但是可以明显看到料浆浓度为 78%时的试块单轴抗压强度远大于其余三种料浆浓度,最终达到 3.2MPa,且其强度增加量也远大于其余三种浓度,比 3d 时的单轴抗压强度增加了 2.1MPa,这很可能是因为其料浆浓度高、料浆含水量小于其余三组、水化反应速率快造成的;养护到 28d 时,四组料浆浓度下试块的单轴抗压强度还呈现出上升的趋势。

本研究采用的磷尾矿,其料浆浓度在 78%时,养护 3d 时充填体强度达到 28d 强度的 34.4%,7d 左右才达到养护 28d 时强度的 59.4%,尚未达到 28d 强度的 75%;其余三组在养护 3d 时强度达到 28d 强度的 35%左右。76%和 74%组 7d 时达到 28d 强度的 70%左右,72%组则在 7d 时仅达到 28d 强度的 42.9%。这说明含水量对磷尾矿充填体的强度影响较大,且不论任何浓度的料浆,以磷尾矿为原料的充填体早期强度发展缓慢,在 7d 才会达到 28d 强度的 40%~70%。

通过计算充填体单轴抗压强度增加速率可以直观地看到,料浆浓度为 78%时,在养护 3d 和养护 7d 时,充填体单轴抗压强度增加速率都比较快,达到 0.2MPa/d 以上,但在 28d 时,其增加速率大幅降低,只有 0.06MPa/d 左右,但是其增加速率还是比其他三种浓度高;料浆浓度在 76%、74%、72%时,其单轴抗压强度增加速率均是在 3d 时最大,分别为 0.25MPa/d、0.20MPa/d、0.10MPa/d,但随着养护时间的延长,其单轴抗压强度增长速率迅速降低,在 28d 时基本一致,低至 0.015MPa/d。

本节通过对磷尾矿充填体力学性能影响的分析,初步掌握了磷尾矿充填体力学性能的演化规律,可归纳为以下几点。

(1)随着料浆浓度增加,充填体单轴抗压强度也增加,但均在养护 3d 时增长速率达到峰值。其中料浆浓度 76%、74%时,养护至 7d 其强度接近 28d 强度的 70%;78%、72%组养护 7d 时接近 28d 强度的 50%。造成这种现象的原因是对于 78%组,其养护 28d 时尚未达到最大强度,而 76%、74%、72%组在养护 28d 后基本达到最大强度。

(2)四组料浆浓度下,充填体的单轴抗压强度均表现出早期强度的增长缓慢。但是随着料浆浓度达到 78%,充填体的早期强度的增长速率明显高于其余三组,说明在使用磷尾矿作为原料进行充填时,除了外加一些试剂外,可以适当提高料浆浓度,以提高充填体的早期强度。

(3)充填体的 1d 和 3d 的强度和最大强度差距较大。可以主要使用 7d 强度作为衡量磷尾矿全尾砂充填体的强度指标,减少实验和工程中的工作量。

3.6　质量浓度对充填固化行为影响机理分析

充填料浆在固化过程中会发生复杂的物理化学变化,这些变化在宏观上表现为单轴抗压强度的变化、含水率的变化等,在微观结构上则表现为孔隙结构的演变、化学成分的改变等。通过压汞测孔分析、TG/DTA、SEM 和 XRD 分析，探究充填料固化过程中的力学行为和多场性能的发生机理。

3.6.1 充填料水化产物实验分析

对不同质量浓度、不同养护龄期的充填体试块进行 TG/DTA 和 XRD 分析，揭示充填料固化过程中水化产物的变化。

TG/DTA 包括热重分析和差热分析，是检测物质成分的一种重要手段，本书中的热重分析测试参数如下：称重精确度为±0.01%；灵敏度为＜0.1μg；温度范围为室温至950℃；加热速率为 10℃/min。

XRD 分析是使用 X 射线照射样品，产生光的衍射现象，通过分析光的衍射中产生的强度最大的光束，即 X 射线衍射线的峰值位置和强度的不同，再对比资料库找出试样中所含物相的分析方法。本节中 XRD 测量角度为 10°～90°。

1. 养护 1d 的充填体水化产物分析

由充填体的单轴抗压强度可知，充填体在养护 1d 时仅 78%浓度组足以自立并有一定强度，因此对养护 1d 时的 78%浓度组和 72%浓度组进行热重分析及 XRD 分析，从水化产物角度揭示强度变化规律。测试结果如图 3-17 和图 3-18 所示。

由图 3-17 可知，通过对比料浆浓度 78%和 72%的两组充填体养护 1d 时的热重分析图像可知，充填体的热重分析存在两个主要的吸热峰值，第一个峰值出现在 100～200℃，第二个峰值出现在 500～750℃。100～200℃的峰值出现原因主要为结晶水的失去；500～750℃的峰值包括两部分：第一部分是 500～600℃，其出现的原因主要是 C-H 的分解，第二部分是 600～750℃，其出现的主要原因是 CO_3^{2-} 的分解，即尾砂中的主要成分 $CaMg(CO_3)_2$ 的分解。由图可以看出，78%浓度组在养护 1d 时产生了更多的结晶水以及水化产物，而 CO_3^{2-} 的含量却比 72%浓度组低。这说明由于 78%浓度组产生的水化产物较多，充填体 1d 的强度增加最快。

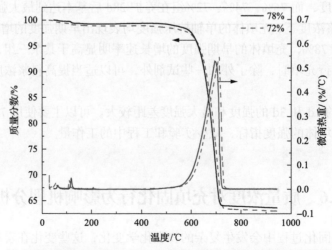

图 3-17 养护 1d 时 78%和 72%料浆浓度充填体的热重分析图像

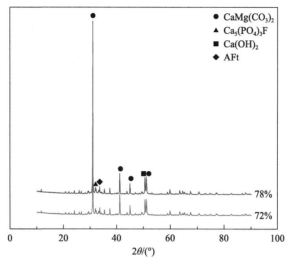

图 3-18 养护 1d 时 78% 和 72% 料浆浓度充填体的 XRD 分析

养护 1d 时 78% 和 72% 浓度的 XRD 分析结果如图 3-18 所示。可以看出，养护 1d 时，料浆浓度 78% 的充填体在 30.98°（32929CPS）、51.1°（3385CPS）处的 $CaMg(CO_3)_2$ 衍射峰；31.96°（1425CPS）处的 $Ca_5(PO_4)_3F$ 衍射峰，50.54°（3338CPS）处的 $Ca(OH)_2$ 衍射峰，均比 72% 浓度组衍射峰值（30639CPS、3111CPS、1362CPS、2866CPS）高，这说明充填体的水化产物 C-H 会随着浓度的增加而增多，但是 78% 浓度最高组，其水化反应产物仍然较少。这与热分析一致，补充解释了不同浓度充填体强度增加的原因。

2. 养护 3d 的充填体水化产物分析

由前文研究可知，当养护 3d 时四组料浆浓度的充填体均产生了一定强度，为了验证产生的水化产物与强度及孔隙率的关系，对养护 3d 时料浆浓度为 76% 和 74% 的充填体进行热重分析及 XRD 测试，测试结果如图 3-19 和图 3-20 所示。

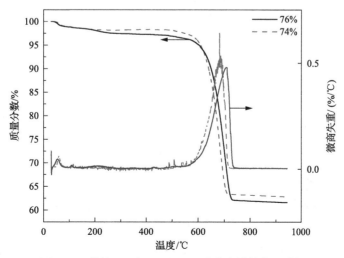

图 3-19 养护 3d 时 76% 和 74% 浓度充填体热重分析

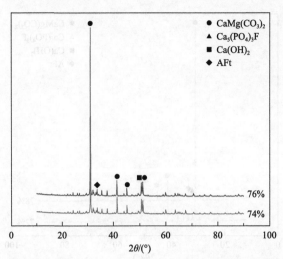

图 3-20　养护 3d 时 76%和 74%料浆浓度充填体的 XRD 图像

由图 3-19 可知，在养护 3d 以后，在 100℃左右的结晶水峰值减小，表明充填体内部的结晶水已基本耗尽；其中 76%浓度组在 200℃左右样品质量开始减小，这是水泥水化产生的 AFt 等在 200℃开始分解的原因；对比 76%浓度组和 74%浓度组，发现 76%浓度组在 700℃左右产生的峰值较 74%浓度组低，产生峰值的温度高，说明其含有的 CO_3^{2-} 比 74%浓度组少，产生的 C-H 也较少，但是由于水泥水化过程中 C-H 早于 AFt 生成，且 76%浓度组产生了一定量的 AFt，说明其水化作用进程超过 74%浓度组，因此其强度仍高于 74%浓度组。

由图 3-20 可知，通过 XRD 测试分析可以看出，76%浓度组充填体在衍射角度为 31.08°时的 $CaMg(CO_3)_2$ 的衍射峰强度 33985CPS 高于 74%浓度组的 20050CPS；在 33.66°时的 AFt 衍射峰强度 1638CPS 高于 74%浓度组的 1206CPS；在 50.72°时的 C-H 衍射峰强度 2264CPS 低于 74%浓度组的 3481CPS，这也与热重分析的结果一致。76%浓度组在养护 3d 时产生了多于 74%浓度组的水化产物 AFt；并且由于水化反应产生 C-H 早于产生 AFt，养护 3d 时的 76%浓度组含有的 C-H 少于 74%浓度组。这样就造成了养护 3d 时 76%浓度组充填体的单轴抗压强度高于 74%浓度组充填体，即 76%浓度组水化反应速率高于 74%浓度组。

3. 养护 7d 的充填体水化产物分析

由前文可知，充填体在养护 7d 时，四种料浆浓度的充填体单轴抗压强度可以达到其 28d 单轴抗压强度的 70%左右，为了研究这时的充填体水化反应进程，对养护 7d 时的四种浓度充填体进行热重分析和 XRD 分析，结果如图 3-21 和图 3-22 所示。

由图 3-21 可以看出，在养护 7d 后，四种料浆浓度的充填体的热分解性物质基本存在两个峰值，第一个峰值在 50℃左右，是充填体中自由水的蒸发；第二个峰在 600~750℃，其中包括 500~600℃区间，出现的原因主要是 C-H 的分解，以及 600~750℃区间，其出现的主要原因是 CO_3^{2-} 的分解，即 $CaMg(CO_3)_2$ 的分解。第一个峰值由于自由水的蒸发而出现，产生原因是物料处理时烘干不彻底，因此本书中不再进行研究。随着料浆浓度

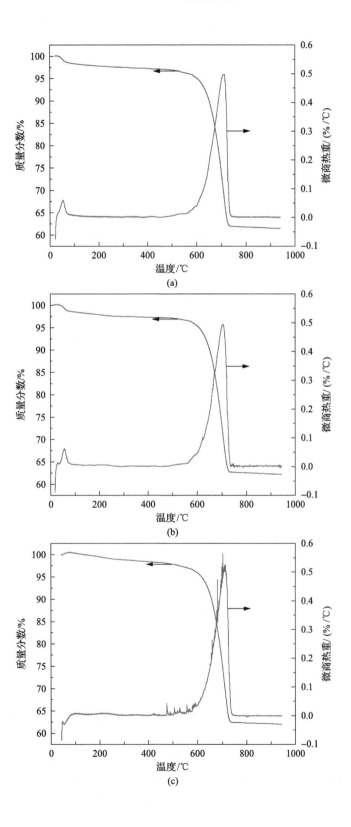

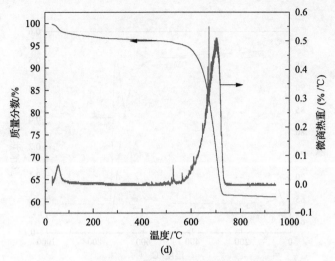

图 3-21　养护 7d 时四种料浆浓度充填体的热重分析
(a) 78%；(b) 76%；(c) 74%；(d) 72%

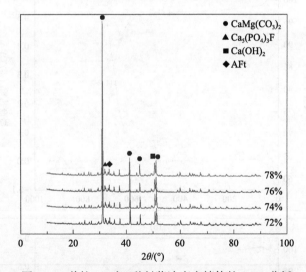

图 3-22　养护 7d 时四种料浆浓度充填体的 XRD 分析

的增加，在 500~600℃区间出现的时间越早，所占比例越大，说明随料浆浓度的增加，养护 7d 时的水化产物 C-H 越多。随浓度增加，在 600~750℃范围内所占比例也逐渐减少，这是由于料浆浓度的增加，其水化反应的速率也有所增加，消耗原有的物质，造成 CO_3^{2-} 减少，即 $CaMg(CO_3)_2$ 的含量减少。

图 3-22 是养护 7d 时四种料浆浓度充填体的 XRD 分析结果。由图可知，随着料浆浓度的增加，四种料浆浓度充填体的 $Ca_5(PO_4)_3F$ 衍射峰值逐渐降低（1336CPS＞1236CPS＞803CPS＞735CPS），这是由于随料浆浓度的增加，充填体的水化反应速率提高，磷尾矿中的物质与水化反应中间产物形成的 $Ca_5(PO_4)_3F$ 也就越多；随着料浆浓度的增加，四种料浆浓度充填体的 AFt 衍射峰值降低（998CPS＞782CPS＞474CPS＞393CPS），说明其含量降低，水化反应生成的 AFt 随料浆浓度的增加而减少，验证了之

前的结论，且四种料浆浓度下的 AFt 峰值都不高，说明产生的 AFt 较少，因此四种料浆浓度的充填体强度不高。

3.6.2　充填体孔隙结构实验分析

1. 压汞测孔原理及孔径划分

压汞法测孔是测量孔隙结构最常用的方法之一，通过对汞施加足够的压力从而使其进入待测材料的孔隙中，而且由于孔隙结构变小，压入汞所需的压力也就越大，因此可以通过测量压入汞所需的压力即测定孔隙大小；并且通过测量不同压力时压入待测材料中的汞量，即可测出待测材料的孔体积和孔径分布。式(3-1)是研究汞受压力 P 和其所能进入的最小孔隙半径 r 之间关系的 Washburn 方程(贺行洋，2009)：

$$Pr = 2\sigma\cos\theta \tag{3-1}$$

式中，P 为汞压力，Pa；σ 为汞的表面张力系数；θ 为汞与待测材料的接触角，(°)；r 为孔隙半径，m。

由式(3-1)可以得出汞所受外部压力 P 和其所能进入的最小孔隙半径 r 的关系即为

$$r = \frac{2\sigma\cos\theta}{P} \tag{3-2}$$

一般汞的润湿角 θ 取 130°，表面张力系数 σ 取 0.485N/m，从而可以得到汞所受外部压力与孔隙半径的关系。

图 3-23 是养护 28d 时四种浓度充填体累计孔体积分布，根据吴中伟(2000)发现的不同孔径对水泥基胶结体的影响进行分类，见表 3-3。可以看出，孔径高于 50nm 的孔隙对充填体力学性能及稳定性影响较大，而孔径低于 20nm 的孔隙对充填体影响较小。

表 3-3　不同孔径类型的划分

孔隙类型	无害	少害	有害	多害
孔径	<20nm	20～50nm	50～200nm	>200nm

Powers 则通过研究水泥基材料的水化反应，提出了 Powers-Brunauer 模型，并通过孔隙成因对不同孔径的孔隙进行了分类，见表 3-4(吴中伟，2000)。

表 3-4　Powers-Brunauer 模型孔系统

孔隙类型	孔径
胶凝孔	5～100nm
毛细管孔	100～1000nm
气泡形成的孔	1000～5000nm
密实不充分引入的孔	>5000nm

2. 压汞测孔分析

图 3-23 是养护 28d 时四种料浆浓度的充填体累计孔体积分布。由图可以看出，四种料浆浓度下的充填体孔隙分布大部分在 5μm 以下，由 Powers-Brunauer 模型可知，其大部分是胶凝孔和毛细管孔，是水泥水化反应消耗自由水产生的孔隙及水化产物填充的共同结果；四组料浆浓度下充填体的孔隙率随料浆浓度的增加而减小，这是因为料浆浓度增加，其自由水减少，自由水所占的孔隙也相应减少，水化反应消耗自由水产生的孔隙也相应减少，同时水化反应产生的水化产物增加，导致孔隙率降低，相应的充填体强度增加；由图可以看出，在孔径小于 0.02μm 时，76%浓度组的充填体累计孔体积小于 74%浓度组，通过吴中伟的孔径划分可以看出，小于 0.02μm 对充填体强度的影响极小，这一点也在 28d 充填体强度上得到验证。

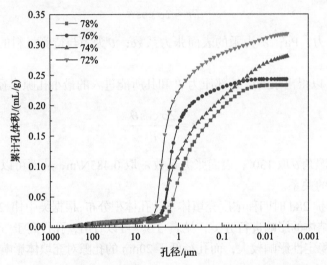

图 3-23   养护 28d 四种料浆浓度充填体的累计孔体积分布

图 3-24 是养护 28d 的四种料浆浓度充填体的孔径分布图。可以看出，随着料浆浓度的增加，充填体中小孔径的孔隙所占比例逐渐增加，这是由于水化反应的进行，产生的水化产物逐渐填充孔隙，孔径逐渐减小，水化反应程度越高，孔径分布越向着孔径减小的方向移动；随着料浆浓度的增加，充填体孔径分布最大值越小，这是由于浓度越高，水化反应程度越高，产生的水化产物填充原有的孔隙，使得孔隙减小，且孔隙减小到一定程度导致水化产物沉积减慢，造成孔径分布更加平均。但是这样不能直观地看出孔径对强度的影响，因此根据吴中伟对孔径的划分，分别研究浓度对不同孔径区域孔隙量的影响，图 3-24 为不同料浆浓度充填体孔径的分布。

根据吴中伟对孔径的划分，结合图 3-25 可以看出，随着料浆浓度的增加，孔径大于 50nm 的有害、多害孔所占比例也增加，这就造成了试块的强度降低，耐久性变差，这一点在强度测试上也得到了验证；除了 76%组以外，随着料浆浓度的增加，孔径大于 200nm 的多害孔所占比例也增加，这就造成了充填体试块的单轴抗压强度大幅降低；76%浓度组虽然有害孔所占比例较大，但是由图 3-23 可知其累计孔体积比 74%和 72%组少，因此

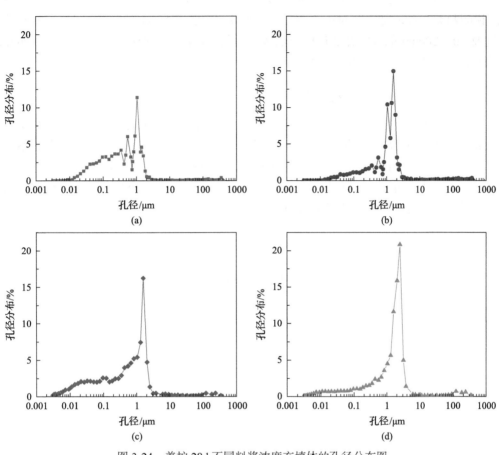

图 3-24 养护 28d 不同料浆浓度充填体的孔径分布图

(a) 78%； (b) 76%； (c) 74%； (d) 72%

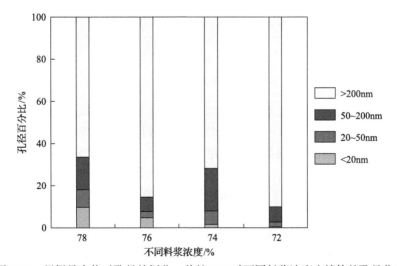

图 3-25 根据吴中伟对孔径的划分，养护 28d 时不同料浆浓度充填体的孔径分布

造成其强度比其他两组高；随着料浆浓度的提高，孔径小于 20nm 的无害孔所占比例增加，说明料浆浓度增加主要对小于 20nm 的无害孔的形成影响较大，对于 20~50nm 的少害孔及 50~200nm 的有害孔的形成影响较小；料浆浓度主要通过影响孔径小于 20nm 的无害孔的形成对充填体的强度造成影响。

3. 充填体多场性能与孔径的关系

(1)基质吸力与孔径的关系。图 3-26 是养护龄期 28d 时充填体中值孔径和基质吸力的关系图。对图中数据进行拟合分析，得到充填体基质吸力与中值孔径呈线性关系，其关系式见式(3-3)，相关性系数 R^2 达到 0.9389，说明相关性极好。由图 3-26 可看出，充填体基质吸力与中值孔径呈负相关关系，即中值孔径越小，基质吸力越大，充填体强度越大，这也验证了基质吸力与强度呈正比关系。

$$S = -148.01 D_{50} + 340.44, \qquad R^2 = 0.9389 \tag{3-3}$$

式中，S 为基质吸力，Pa；D_{50} 为中值孔径，μm。

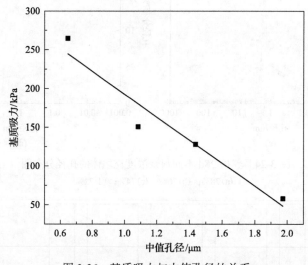

图 3-26　基质吸力与中值孔径的关系

(2)体积含水率与孔径的关系。图 3-27 是根据养护龄期 28d 的充填体中值孔径和体积含水率绘制出的关系图。由计算可知，线性拟合时相关性系数 R^2 为 0.6188；指数拟合时相关性系数 R^2 为 0.6168；对数拟合时相关性系数 R^2 为 0.7728；乘幂拟合时相关性系数 R^2 为 0.771；无论怎样拟合，其相关性都较差，由前文分析可知，充填体养护 28d 时由于孔隙率较大，其体积含水率与环境湿度有关，四种料浆浓度的充填体基本一致；而孔隙率则是前期水化反应的结果，因此其相关性较差。

(3)电导率与孔径的关系。图 3-28 是养护龄期 28d 时充填体中值孔径和电导率的关系。对图中数据进行拟合，得到充填体的电导率与中值孔径的关系式(3-4)，其相关性系数 R^2 为 0.9438，说明相关性极好。根据前文研究，养护 28d 时的充填体含水率相差不大，

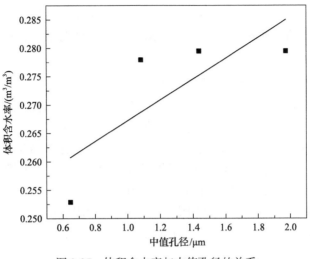

图 3-27　体积含水率与中值孔径的关系

与环境湿度有关，而孔隙的存在提供了离子迁移的通道，在养护 28d 后，四种料浆浓度的充填体水化反应基本结束，反应速率相差不多，造成离子浓度相差不大，所以电导率的变化取决于孔隙直径的变化，大体上是孔隙越大，其电导率也越大。

$$E = 0.1535\mathrm{e}^{0.3511D_{50}}, \quad R^2 = 0.9438 \tag{3-4}$$

式中，E 为电导率，mS/cm；D_{50} 为中值孔径，μm。

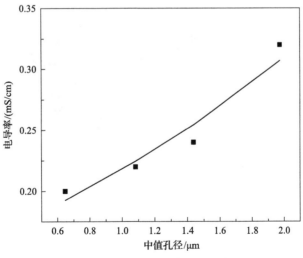

图 3-28　电导率与中值孔径的关系

4. 充填体表面形貌实验分析

前文通过单轴抗压强度测试力学性能、压汞测孔、热重分析和 SEM 分析等微观分析测试讨论了不同料浆浓度下充填体强度的演化及机理，但是热重分析、压汞测孔等不能直观表现出充填体中水化产物及孔隙对强度的影响，为了直观地验证前文所述，对养护1d、3d、7d 及 28d 的四种料浆浓度下的充填体进行 SEM 分析，直观地展现水化产物生成及孔隙填充过程。

1) 料浆浓度 78%的充填体表面形貌分析

图 3-29 是料浆浓度为 78%时养护 1d、3d、7d、28d 的充填体 SEM 图像。可以看出，在养护 1d 时，仅有极少量的水化产物针状的 AFt 生成；随着养护时间的延长，针状的 AFt 数量及大小都有所增加；继续延长养护时间，充填体的孔隙逐渐被水化产物所填充，孔隙数量及孔径逐渐降低；在养护 28d 时仍可以看到存在较大的孔隙。这说明料浆浓度为 78%时，随着养护时间的延长，水化反应逐渐进行，水化产物逐渐填充孔隙，使得充填体强度逐渐增加，但是由于磷尾矿中所含离子等成分阻碍水泥的水化反应进行，当养护 28d 时仍存在较大孔隙，大孔隙的存在是充填体强度较小的主要原因。

图 3-29 料浆浓度 78%时不同养护时间的充填体 SEM 图
(a)养护 1d；(b)养护 3d；(c)养护 7d；(d)养护 28d

2) 养护 7d 的充填体表面形貌分析

由前文对不同浓度下充填体的强度研究可知，在养护 7d 左右时四种料浆浓度的强度可以达到最大强度的 70%左右，因此对养护 7d 时四种浓度充填体进行 SEM 分析，图 3-30 是养护 7d 时四种浓度的充填体 SEM 图像，可知养护 7d 时四种料浆浓度的充填体都产生了明显的水化产物针状 AFt；78%浓度组产生的针状 AFt 已经交联形成网络，其余三组仅形成零散的针状 AFt 沉积，没有交联形成网络，这就造成其单轴抗压强度的差异；随料浆浓度逐渐降低，水化产生的针状 AFt 的量也减少，说明随着浓度降低，水化反应进行程度减小；SEM 图像中，料浆浓度 78%组的孔隙最小，孔隙率也最小，料浆浓度 76%组虽然孔径较料浆浓度 74%组大，但是孔隙率比料浆浓度 74%组小，料浆浓度 72%组无论孔径还是孔隙率都是最大的，这也就验证了前文对孔隙率的测试结果，并从孔隙和水化产物角度解释了强度随浓度变化的原因。

图 3-30 养护 7d 时不同料浆浓度的充填体 SEM 图
(a)78%；(b)76%；(c)74%；(d)72%

3）养护 28d 的充填体表面形貌分析

为了验证压汞测孔分析的结论，对养护 28d 的四种料浆浓度的充填体进行 SEM 测试，图 3-31 是四种料浆浓度下养护 28d 时充填体的 SEM 图像。由图可知，随着料浆浓度的增加，养护 28d 的充填体孔隙率降低，这是由于水化产物逐渐覆盖填充原有孔隙，使孔隙率降低；四种料浆浓度下养护 28d 的充填体都已经甚少见到单独的针状 AFt，这是由于水化反应的进行，针状 AFt 不断发展，都已交联充填孔隙，因此单独的针状 AFt 基本不存在；随着养护时间的延长，四种料浆浓度下的充填体孔隙率呈下降趋势，但是料浆浓度 76%组较 74%组大孔比例大，这与前文所述孔径比例相符；由图可以看出，随着浓度的增加，充填体由小块结构逐渐成为大块的结构，这是由于浓度增加，水化反应的产物也增加，形成的针状 AFt 交联成网络将小块的骨料连接形成大块的整体，这在图 3-31 中养护 28d 下料浆浓度 78%的充填体 SEM 图像中可以清晰地看到 AFt 连接网络，形成整体后其强度也因此增加。

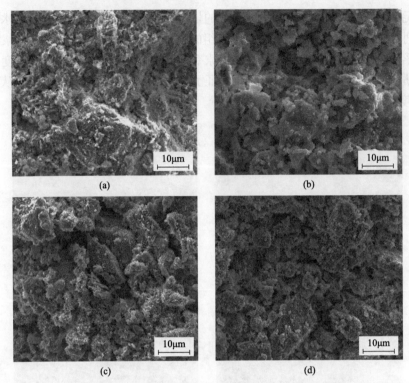

图 3-31　养护 28d 时不同料浆浓度的充填体 SEM 图像

(a) 78%；(b) 76%；(c) 74%；(d) 72%

参 考 文 献

贺行洋, 苏英, 曾三海, 等. 2009. 水泥石强度分析与孔隙率强度模型构造[J]. 武汉理工大学学报, (14): 19-22.

黄延亮. 2017. 温度对浆体膨胀充填材料性能及结构的影响[D]. 青岛: 山东理工大学.

李洪宝, 甘德清, 鄂鑫雨, 等. 2021. 尾砂粒度对充填体早期强度影响的试验研究[J]. 金属矿山, 537(3): 34-39.

马展博, 薛建军, 张轩诚, 等. 2020. 高炉水淬矿渣砂用作混凝土细骨料的可行性研究[J]. 商品混凝土, (21): 66-80.

吴中伟. 2000. 高性能混凝土——绿色混凝土[J]. 混凝土与水泥制品, (1): 3-6.

尹升华, 刘家明, 陈威, 等. 2020. 粗骨料膏体低温流变性能及回归模型[J]. 中南大学学报(自然科学版), 51(12): 3379-3388.

袁志安, 王洪江. 2014. 某矿膏体充填物料综合性能实验研究[J]. 有色矿冶, 30(1): 19-21, 15.

Abdul-Hussain N. 2010. Engineering properties of gelfill[D]. Ottawa: University of Ottawa.

Abdul-Hussain N, Fall M. 2012. Thermo-hydro-mechanical behaviour of sodium silicate-cemented paste tailings in column experiments[J]. Tunnelling and Underground Space Technology, 29: 85-93.

Behera S K, Ghosh C N, Mishra D P. 2020. Strength development and microstructural investigation of lead-zinc mill tailings based paste backfill with fly ash as alternative binder[J]. Cement and Concrete Composites, 109: 1-16.

Fall M, Celestin J C, Pokharel M. 2010. A contribution to understanding the effects of curing temperature on the mechanical properties of mine cemented tailings backfill[J]. Engineering Geology, 114(3-4): 397-413.

Guo Z B, Qiu J P, Jiang H Q. 2020. Flowability of ultrafine-tailings cemented paste backfill incorporating superplasticizer: Insight from water film thickness theory[J]. Powder Technology, 381: 509-517.

Hansson I L H, Hansson C M. 1985. Ion-conduction in cement-based materials[J]. Cement and Concrete Research, 15(2): 201-212.

第 4 章

灰砂比对充填固化过程的影响

目前，水泥因原料广泛、性能比较稳定，成为最常用的胶结材料(吴爱祥和王洪江，2015)。灰砂比作为充填料固化过程中关键的自身因素，对于充填料固化行为研究具有重要意义。不同灰砂比条件下所形成的充填体的强度也不同，充填料的灰砂比越高，充填体的强度就越高，但是高灰砂比意味着高充填成本。因此，工程中必须通过实验来确定水泥的最佳添加量，以保证既满足生产需求，又能使充填成本最低。

灰砂比所引起的充填料固化过程的多场性能变化主要是水泥进行水化作用的结果，这是一个复杂的过程，随着放热、耗水、孔隙变化、电导率及水化产物产生等多场性能变化(李文臣，2016)，所以研究不同灰砂比条件下充填料固化过程中水化作用及充填体多场性能的内在联系十分重要。

Du 等(2011)对不同灰砂比条件下充填体水化反应机理进行了研究，通过对充填体不同养护龄期样品的 SEM 实验，分析了不同养护龄期样品的化学元素组成和生成物，探究了不同养护龄期样品强度差异的原因，并对反应机理进行了有益的探索。Hou 等(2018)研究了灰砂比对早期充填体固化温度和内部应变演化的影响。实验结果表明，充填体强度是水化程度的函数，水化反应是放热反应，导致净体积减小，混合物中同时发生热膨胀和化学收缩，灰砂比对充填体温度和内部应变演化有显著影响。Liu 等(2021)研究了灰砂比对充填体水化反应和微结构演化的影响，建立了充填体电阻率与水化热的数学关系模型，发现充填体的电阻率受尾砂和灰砂比的影响。尾砂的含量决定了其电阻率的大小。随着尾砂含量的增加，电阻率增加，电阻率对应的结构动力学参数增加；充填体的水化热主要受灰砂比的影响。灰砂比越高，水化热越高，相应的水化动力学参数越大。

以上研究都说明了充填料固化过程中的热、水、力、化等性能都与水泥等胶凝材料的水化反应和水泥的含量有关。但是上述研究都只是研究不同灰砂比条件下单一性能对充填体强度的影响，没有将固化过程中的多场性能进行关联分析和协同表征。所以，研究不同灰砂比条件下充填体固化过程中的多场性能对于丰富金属矿充填基本理论以及指导工程实践具有重要意义。

4.1 灰砂比对充填固化过程研究的实验方法

本章研究所采用的实验装置与第 3 章相同，实验材料尾砂和水泥与第 3 章所用的属于同一批同一类型。工程上，一般以灰砂比作为充填料配比的实验参数，为了保证充填料不泌水、不分层、不离析的性能及经济的合理性，国内金属矿充填所用的灰砂比范围一般为 1：4～1：16，选取 1：4、1：8、1：12、1：16 四个灰砂比水平开展研究。充填浓度因尾砂种类、级配等差异，变化很大。鉴于国际上认为适合工业应用的充填料的屈服应力范围为 100～200Pa，且适用于不同尾砂充填材料。通过第 3 章所述的流变实验对不同浓度的尾砂料浆进行屈服应力测试。根据结果可知，质量浓度 78% 的充填料浆满足上述屈服应力的范围要求，具备工程上性能最优、经济合理的特点。具体的实验配比方案见表 4-1。

表 4-1 实验配比方案

编号	尾砂/kg	水泥/kg	水/kg	灰砂比	浓度/%	养护时间/d
CPB$_{1:4}$	9.00	2.25	3.17	1：4	78	3、7、28
CPB$_{1:8}$	9.60	1.20	3.05	1：8	78	3、7、28
CPB$_{1:12}$	10.20	0.85	3.12	1：12	78	3、7、28
CPB$_{1:16}$	10.40	0.65	3.12	1：16	78	3、7、28

与第 3 章相同，按照表 4-1 所示的实验配比方案进行充填料浆的制备，将制备好的充填料浆进行充填体试块制备以及充填料固化过程多场性能监测实验。如图 4-1(a)所示，采用 70.7mm×70.7mm×70.7mm 的三联模进行试块制备，每组灰砂比水平制备同样的三组三联模试块，然后放进高低温湿热养护箱(图 4-2)进行养护，对养护至 3d、7d、28d 的充填体试块进行力学性能测试。如图 4-1(b)所示，同时将搅拌好的充填料浆装入充填体多场性能监测装置中进行监测，与第 3 章不同的是，本章将盛料圆筒上端暴露，不进行密封，是为了更接近采场中充填体的养护状态，然后同充填体试块一同放入养护箱中进行养护，传感器数据采样周期设置 1h，连续监测 28d。养护温度设定为恒温 20℃，养护湿度设置为 90%。与第 3 章相同，主要通过 SEM、XRD、TG 分析和压汞测孔实验等微观实验来分析充填料固化过程中的水化产物和充填体的孔结构等对充填体强度以及多场性能演化规律的影响。

(a)　　　　　　　　　　　　　　　(b)

图 4-1 实验过程

(a)充填体试块制备；(b)多场性能监测

图 4-2　养护试块和监测圆筒的高低温湿热养护箱

4.2　灰砂比对充填固化过程体积含水率的影响

由于处于恒温养护状态，而且水化放热产生的温度变化很小，故不考虑灰砂比对充填固化过程温度的影响。不同的灰砂比具有不同的水化反应速率，对于充填料中自由水的消耗能力也不同，最终造成充填料在固化过程中的体积含水率表现出不一样的演化规律。本节将针对不同灰砂比对于充填固化过程中充填料的体积含水率的演化规律进行探究。

图 4-3 显示了不同灰砂比条件下充填料体积含水率随养护时间的变化曲线。可以看出，体积含水率在最初的一段养护时间内快速上升，然后下降。体积含水率的变化是因为充填料浆在搅拌完成后装入养护装置中，充填体内部所含的自由水比较发育，这些自由水在重力的作用下，会在充填体内部发生运移，从而造成充填体在短时间内达到体积含水率的峰值。但是随着水化反应对这些自由水进行消耗，充填体的体积含水率随着养护时间的延长而不断下降。从图 4-3 中的局部放大图中可以看到，体积含水率达到峰值所需的养护时间随灰砂比的减小而延长。灰砂比 1∶4～1∶16 的充填体的体积含水率达到峰值对应的养护时间分别为 1.03d、1.33d、1.42d、1.62d，这与 4.3 节中充填体基质吸力到达临界点的养护时间相对应。在体积含水率到达峰值之后，发现体积含水率和基质吸力有很强的关系，体积含水率越小，基质吸力越大。基质吸力与体积含水率的这种相关性主要表现在养护的初期，养护后期基质吸力发展缓慢，基本处于平稳的状态，变化很小，但是体积含水率在养护后期由于充填体的自干燥行为会不断降低。

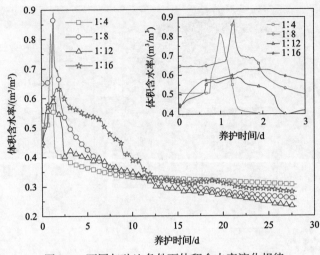

图 4-3　不同灰砂比条件下体积含水率演化规律

4.3　灰砂比对充填固化过程基质吸力的影响

不同灰砂比条件下充填料的基质吸力变化情况也是不同的。从图 4-4 和表 4-2 中可以看到，不同灰砂比条件下充填体的基质吸力随养护时间的变化曲线差较大，尤其是灰砂比为 1∶4 时对应的充填体的基质吸力变化最为明显，与其他三组的基质吸力变化曲线形成了明显的对比。从表 4-2 中可以看出，灰砂比 1∶4～1∶16 对应养护 3d 时间的基质吸力分别为 166.8kPa、143.1kPa、109.3kPa、45.8kPa，说明随着灰砂比的不断增大，同一养护时间对应的基质吸力也是不断增大的。这是因为随着灰砂比的不断增大，单位质量充填料浆中所含的水泥质量也在不断提高，水泥与水接触机会增多，水化反应更容易进行，同时水化反应速率更快，单位时间内生成的水化产物也更多，进而对充填体中

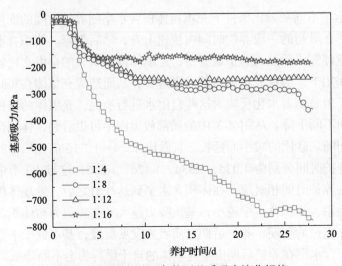

图 4-4　不同灰砂比条件下基质吸力演化规律

表 4-2　不同灰砂比条件下不同养护龄期基质吸力

养护时间/d	基质吸力/kPa			
	1：4	1：8	1：12	1：16
3	166.8	143.1	109.3	45.8
7	435.0	209.3	194.1	163.8
28	779.6	362.0	243.7	188.8

的孔隙进行填充,验证了同一养护龄期下充填体的强度随着灰砂比的增大而增大的结论。同时,水泥水化反应消耗自由水的能力也随灰砂比的提高而提高,使充填体的含水率下降,进而使基质吸力不断提高。

从图 4-4 中可看到不同灰砂比条件下的基质吸力随着养护时间的变化曲线。在最初养护的一段时间内其基质吸力基本不变,且保持在较低的基质吸力数值,基本在 40kPa 以下的水平。这是因为刚刚搅拌均匀的充填料浆,其饱和率接近甚至高于100%,属于一种过饱和土体,其基质吸力也会维持在一个相对较低的水平不发生变化,随着水化反应的不断进行,对自由水进行消耗,以及充填体内部孔隙水的迁移,都会使充填体的饱和率不断下降。在充填体的饱和率下降到一定值时,这个值可以理解为孔隙水压力与孔隙气压力相等的临界点,下面将此值统一称为基质吸力变化的临界点,超过这个值,就会发生基质吸力快速增长的阶段。同时,从图 4-5 的基质吸力随养护时间变化的局部放大图可以发现,不同灰砂比条件下基质吸力到达临界点对应的养护时间不同,灰砂比为 1：4～1：16 时到达临界点所需的养护时间分别为 1.55d、1.84d、2.11d、2.47d。说明灰砂比越高,其会越早到达基质吸力的临界点,这是因为灰砂比越高,单位质量充填料浆中所含的水泥含量就越高,进而促使水化反应速率越快,对孔隙中自由水的消耗速度也越快,基质吸力也就会越快地达到临界点。

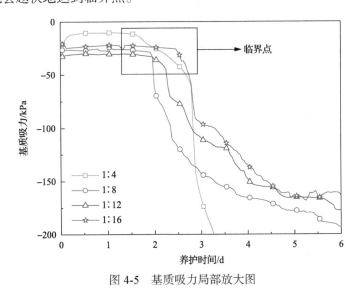

图 4-5　基质吸力局部放大图

从图 4-4 中可以看到,当养护时间在 7～28d 时间段时,充填体的基质吸力的增长速率随着灰砂比的降低而减小，这是因为充填料浆的水化反应主要发生在养护的前 7d，养护 7d 后的水化反应进行较缓慢，基质吸力变化也不大，同时水化反应速率与灰砂比存在正比的关系，最终造成基质吸力的增长速率随灰砂比的降低而不断下降。

4.4 灰砂比对充填固化过程电导率的影响

水泥颗粒表面的 C_3S、C_2S 等化合物遇水后溶解，电离出各种金属和非金属离子，如 Ca^{2+}、Mg^{2+}、Al^{3+} 等金属阳离子和 H^+、OH^-、SO_4^{2-}、CO_3^{2-}、SiO_3^{2-} 等非金属离子，这些离子都是电荷的载体，这些离子数量的变化会导致充填料内部的电导率发生变化，电导率会在水泥遇水后有一个较快的提升，因为水泥中的化合物进行电离，生成的离子浓度不断提高，促使电导率不断提升。这些离子分散于充填体的自由水中，不同离子之间相互碰撞，进行化学反应或者水解反应，生成一系列难溶于水的物质，如 C-S-H、C-H、AFt 等，水化反应的不断进行会使整个充填料中的离子浓度降低，进而电导率不断下降。

如图 4-6 所示，电导率在养护的早期出现一个快速的提升，达到峰值，然后随着养护时间的进行不断下降，与前文所论述的电导率的发生机理相同。电导率在达到峰值所需的时间反映了充填体内部水化反应的速率，从图 4-6 可以得到，灰砂比 1∶4～1∶16 对应的电导率到达峰值所用的时间分别为 0.12d、1.30d、1.46d、2.25d，说明随着灰砂比的不断降低，电导率达到峰值所需的时间也在不断增加。这是因为灰砂比越大，电离出的离子更多，离子浓度更高，使电导率达到峰值所需的时间就更短。

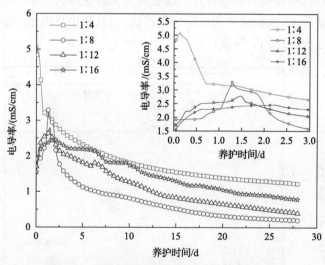

图 4-6 不同灰砂比条件下电导率的演化规律

从图 4-6 还可以看到，不同灰砂比条件下对应的电导率峰值的大小也不同，灰砂比 1∶4～1∶16 对应的电导率的峰值分别为 5.10mS/cm、3.29mS/cm、2.79mS/cm、2.47mS/cm，可见，电导率峰值随着灰砂比的提高而不断增大。这是由于灰砂比越高，单位质量充填料中水泥含量高，水泥遇水电离出的离子更多，充填料中的离子浓度更高，离子所承载的电荷也就越多，电导率的峰值也就会越大。

最终随着离子之间的相互碰撞，发生水化反应，将离子转化为一些水化产物，这些水化产物一部分因为溶解度较小，会从溶液中析出，形成固态物质，如 $Ca(OH)_2$；还有一部分是不溶水的凝胶状物质，如 C-S-H。这些物质的形成会消耗大量的离子，致使电导率不断下降。从图 4-6 中可以看到，养护 3～7d 时间段电导率的降低速率要明显大于 7～28d 时间段的降低速率，这是因为充填料的水化反应主要发生在养护的初期，养护后期水化反应进行较初期缓慢，致使电导率在养护初期的下降速率高于养护后期。

4.5　灰砂比对充填固化过程单轴抗压强度的影响

4.5.1　充填体单轴抗压强度随养护时间的变化规律

本节通过对不同灰砂比（1∶4～1∶16）条件下不同养护龄期（3d、7d、28d）的充填体试块进行单轴抗压强度测试，得到不同灰砂比条件下相应养护龄期的充填体试块的单轴抗压强度，实验结果见表 4-3。

表 4-3　充填体单轴抗压强度

养护时间/d	不同灰砂比的抗压强度/MPa			
	1∶4	1∶8	1∶12	1∶16
3	3.77	1.15	0.73	0.54
7	5.55	2.28	1.15	0.72
28	9.67	3.48	1.79	0.89

从图 4-7 中可以看出，随着养护时间的延长，充填体的单轴抗压强度不断增长。因为水泥遇水发生水化反应，不断生成水化产物，而且随着养护时间的延长，充填体内部

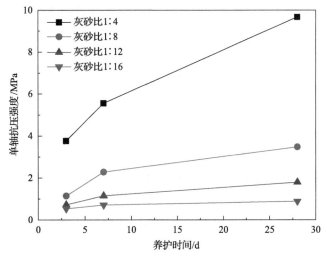

图 4-7　单轴抗压强度随养护时间变化曲线

的水化产物不断增加，不断地将充填体内部尾砂颗粒之间的孔隙进行填充，从而使其强度随着养护时间的延长不断增长。从该图可以看出，同一灰砂比条件下的充填体在养护前 7d 的单轴抗压强度的增长速率要明显高于养护 7d 之后的单轴抗压强度增长速率。由此可以推断，充填体在养护 7d 前的水化反应速率要大于养护 7d 后水化反应速率，验证了同一灰砂比条件下，充填体强度随养护时间的延长而增大的结论。

4.5.2　充填体单轴抗压强度随灰砂比变化规律

从图 4-7 中还可以看出，随着灰砂比的不断降低，同一养护龄期充填体的单轴抗压强度在下降。例如，养护至 28d 时，灰砂比为 1∶4 对应的充填体的单轴抗压强度为 9.67MPa，灰砂比为 1∶8 对应的充填体的单轴抗压强度为 3.48MPa，灰砂比为 1∶12 对应的充填体的单轴抗压强度为 1.79MPa，灰砂比为 1∶16 对应的充填体的单轴抗压强度为 0.89MPa，灰砂比为 1∶4 的单轴抗压强度是灰砂比为 1∶16 单轴抗压强度的 10 倍多，所以灰砂比对于充填体的强度影响较大。出现这种现象主要是因为随着灰砂比的不断提高，单位质量充填料中的水泥含量增加，其水化反应更容易进行，水化速率更快，进而产生更多的水化产物，从而出现较大的强度差异。对比同一养护时间段内的充填体的单轴抗压强度的增长速率发现，随着灰砂比的不断提高，其相同养护时间段内的充填体的单轴抗压强度的增长速率也在不断增加，例如，在养护时间段 3～7d 中，灰砂比 1∶4 的单轴抗压强度的增长速率要明显高于灰砂比为 1∶8、1∶12 和 1∶16 的单轴抗压强度增长速率。说明随着灰砂比的不断增大，相同养护时间段内的充填料的水化反应速率不断提高，也验证了同一养护龄期，灰砂比越大，充填体的强度越高。

4.5.3　充填体单轴抗压强度与养护时间关系分析

根据充填体单轴抗压强度随养护时间的演化趋势可以初步判定充填体单轴抗压强度与养护时间之间存在对数函数的关系。通过使用数据处理软件 Origin 中的数据拟合功能对充填体的单轴抗压强度与养护时间的关系进行拟合。具体拟合方法是：选用非线性拟合方式，选择对数函数类别，调用对数函数类别中的 Bradley 模型，采用正交距离回归数据迭代(orthogonal distance regression，ODR)方法，该迭代方法较最小二乘法的优势是可以同时考虑自变量和因变量的误差。该实验以养护时间为自变量，单轴抗压强度为因变量。由于只测量了 3d、7d、28d 充填体的单轴抗压强度，数据点较少，并且该自变量养护时间的变化范围较大，该实验却只选取其中三个时间点进行单轴抗压强度测试，所造成误差范围较大，故采用此拟合方式较为合理。通过对不同灰砂比条件下充填体单轴抗压强度与养护时间关系曲线进行拟合，得到相应的拟合公式和相关性系数 R^2。相应的曲线拟合结果如图 4-8 所示，具体的公式参数及相关性系数 R^2 见表 4-4。从图 4-8 可以看到，拟合曲线与数据点的适配性很强。根据表 4-4，发现在充填体的单轴抗压强度与养护时间之间有较强的对数函数关系，而且四组不同灰砂比的早期强度与养护时间拟合曲线的相关性系数 R^2 均在 0.99 以上，拟合效果可信度很高。该函数关系如式(4-1)所示：

$$R_C = a\ln(-b\ln t) \tag{4-1}$$

式中：R_C 为充填体的单轴抗压强度，MPa；t 为养护时间，d；a、b 为拟合相应参数。

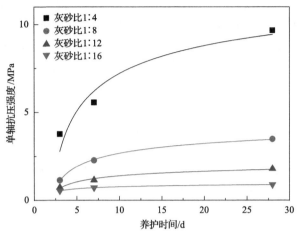

图 4-8　单轴抗压强度与养护时间拟合曲线

表 4-4　充填体早期强度与养护时间函数拟合参数表

灰砂比	a	b	R^2
1∶4	5.99	−1.44	0.99688
1∶8	2.11	−1.54	0.99999
1∶12	0.96	−1.85	0.99996
1∶16	0.31	−5.11	1

4.6　灰砂比对充填固化行为的影响机理分析

充填料中的水泥遇水会发生水化反应，水化反应会产生一系列的水化产物，水化产物会对尾砂颗粒之间的孔隙进行填充，将尾砂颗粒进行黏结，形成致密的网状结构，使充填体的强度提高。而且随着水化反应的不断进行，充填体内部孔隙的尺寸、数量以及分布状况也会发生变化，最终影响充填体的单轴抗压强度。通过对比和分析 SEM、TG、XRD 和压汞测孔等微观实验的结果，对不同灰砂比条件下充填体水化作用机理以及孔隙结构的演化过程进行研究。

水泥在未发生水化反应时，其主要成分有硅酸三钙(C_3S)、硅酸二钙(C_2S)、铝酸三钙(C_3A)和铁铝酸四钙(C_4AF)等化学成分；遇水发生水化反应后，将会生成 C-S-H、C-H、AFt 等水化产物。所用的尾砂为磷尾砂，从其化学成分组成中可以看出 P_2O_5 成分的含量较高，所以在 XRD 分析中发现存在一些含 P 元素的化合物，如磷石膏、磷酸钙、氟磷酸钙、磷酸氢钙等含 P 矿物。

1. 水化反应随养护时间的作用机理

图 4-9 是通过 XRD 分析得到的结果。从该图中可以看出，充填体中存在较多白云岩

[CaMg(CO$_3$)$_2$]和水化产物 C-H，同时还有水化产物 AFt 出现，作为含磷尾砂，还出现了羟基磷酸钙等物质。其中，水化产物 C-H 主要出现在养护前 7d，从其对应的衍射强度可以看出，当衍射角为 50.55°和 18.11°时，养护 3d、7d、28d 对应的衍射强度由大到小排列为 3d、7d、28d。可以看出，其含量是在不断下降的。图 4-10 为灰砂比为 1：4，养护时间分别为 7d 和 28d 的热重分析图像，从图中可以看出，当温度为 400~500℃时，养护时间为 7d 的充填料浆的吸热峰峰值要高于 28d 的峰值，说明养护至 7d 的充填料水化反应产生的 C-H 含量要高于养护至 28d 时的含量。C-H 含量下降的原因可能是 C-H 作为一种强碱类物质，容易与充填料中的其他的酸性和盐类物质进行化学作用，从而消耗掉部分 C-H。而且在养护的前 7d，水化反应速率更快，C-H 的生成速率要高于消耗速率，7d 之后水化反应速率变缓，C-H 的生成速率小于消耗速率，验证了充填体强度在养护的前 7d 增长速率要快于后 7d 的增长速率的结论。

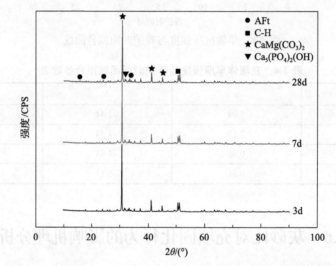

图 4-9　灰砂比 1：4 养护 3d、7d、28d 充填体的 XRD 分析结果

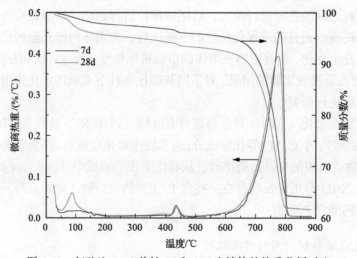

图 4-10　灰砂比 1：4 养护 7d 和 28d 充填体的热重分析对比

钙矾石 AFt 是一种针棒状形态产物，对于充填体的强度有较大的贡献。从图 4-9 中可以看出，当衍射角为 15.81°时，养护至 28d 对应的 AFt 的衍射强度要明显高于其他养护龄期对应的衍射强度。从图 4-10 中可以看出，当加热温度为 100～200℃时，养护至 28d 的充填体的吸热峰明显高于养护至 7d 的吸热峰，说明水化产物随着养护时间的延长不断积累，进而使充填体的强度不断提高。从图 4-11 所示的 SEM 图像可以看出，随着养护时间的延长，钙矾石从养护 3d 时的细针状形态转变为养护至 7d 时的细棒状，最后变化成 28d 时的粗棒状，其中钙矾石和 C-S-H 凝胶共同作用，将尾砂颗粒进行黏结。随着养护时间的延长，AFt 和 C-S-H 凝胶不断发育，使得充填体的强度随养护时间的不断延长而不断发展。水化反应生成的水化产物同时进行尾砂颗粒之间的孔隙填充，对比不同养护龄期的 SEM 图像，发现充填体内部的孔隙尺寸逐渐变小、孔隙数量变少，对充填体强度提高起到积极的作用。

图 4-11　灰砂比为 1∶4 养护 3d、7d、28d 充填体的 SEM 对比

(a) 3d；　(b) 7d；　(c) 28d

2. 水化反应随灰砂比作用机理

图 4-12 是关于不同灰砂比条件下充填体养护时间为 7d 的 XRD 分析结果。灰砂比为 1∶4 时，衍射角为 18.11° 对应的衍射强度为 783CPS，从该图中可以明显看出灰砂比为 1∶4 的 C-H 含量要高于其他灰砂比条件下的 C-H 含量。从图 4-13 中不同灰砂比条件下养护 7d 的热重分析曲线可以看出，在 400～500℃时，灰砂比为 1∶4 出现了较明显的吸热峰，而其他三组灰砂比的热重分析曲线变化比较平缓。说明灰砂比越高，其产生的水化产物 C-H 含量越高，水化反应速率越快。验证了在养护的前 7d，灰砂比越大，充填体单轴抗压强度增长速率越快。

AFt 在衍射角为 33.10°时，灰砂比为 1∶4、1∶8、1∶12、1∶16 对应的衍射强度分别为 864CPS、946CPS、959CPS 和 1018CPS，可以看出随着灰砂比的不断降低，AFt 的含量却出现增高。

在图 4-13 中可以看到，在加热温度为 100～200℃时，灰砂比为 1∶4 的热重分析曲线一直在其他灰砂比热重分析曲线的上方。说明灰砂比 1∶4 的充填体在养护的前 7d 时间内其水化反应更快，生成的水化产物更多，再次验证了充填体在养护的前 7d 时间内，灰砂比越大，充填体的单轴抗压强度增长速率越快。

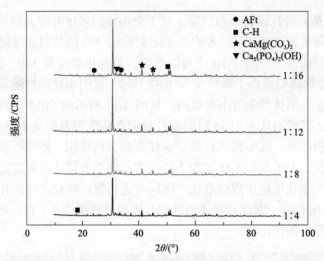

图 4-12   不同灰砂比条件下养护时间 7d 充填体的 XRD 结果

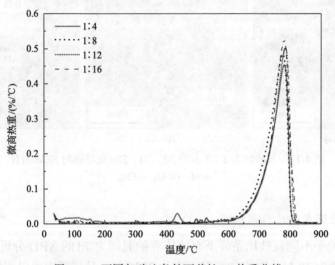

图 4-13   不同灰砂比条件下养护 7d 热重曲线

通过对不同灰砂比条件下养护至 28d 的充填体的表观形态进行对比。从图 4-14 中可

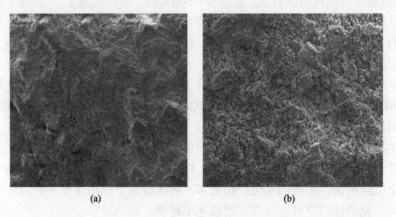

(a)   (b)

(c)　　　　　　　　　　　　(d)

图 4-14　不同灰砂比条件下养护 28d 的 SEM 图像

(a)1∶4；(b)1∶8；(c)1∶12；(d)1∶16

以看出明显的区别：随着灰砂比的不断减小，充填体表面孔隙尺寸变大，孔隙数量变多，水化产物也在减少，表面形态不均匀、不平整，略显粗糙。对比这些 SEM 图像，说明灰砂比越高，其表面形态越规则，水化反应程度越高，进而验证了随着灰砂比的提高，充填体的单轴抗压强度不断上升。

3. 孔隙结构对充填体强度的作用机理

不同灰砂比条件下充填体的内部孔隙结构不尽相同，充填体内部的孔隙的尺寸、数量以及分布情况对充填体的强度影响很大。通过对比不同灰砂比条件下养护至 28d 充填体的孔体积、孔表面积及孔径分布状况来研究孔隙对充填体强度的影响。

1）压汞测孔结构测试结果

由图 4-15 可知，累计孔体积在孔径为 2μm 时，不同灰砂比对应的曲线均出现拐点，说明充填体的孔径大多分布在小于 2μm 的范围内，最终在小于 0.01μm 的范围内趋于平稳。其中可以看到，灰砂比为 1∶4 对应的曲线晚于其他灰砂比曲线出现拐点，也就说明

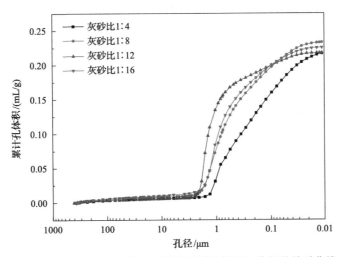

图 4-15　不同灰砂比条件下充填体累计孔体积与孔径的关系曲线

灰砂比为 1:4 的充填体的孔径分布范围更小，孔径分布更集中，小孔径孔隙更多，更有利于充填体强度的发展。总体上，不同灰砂比条件下的总孔隙体积相差不大。

从图 4-16 的累计孔表面积也可以看出，在总体积相差不大的条件下，灰砂比为 1:4 对应的累计孔表面积明显高于其他三组，再次说明灰砂比为 1:4 的孔径分布范围小，孔径较小的孔隙居多，最终造成其累计孔表面积较高。孔隙尺寸越小，对充填体的强度损伤就越低，再一次验证了灰砂比 1:4 条件下充填体的强度较高的原因。同理，灰砂比为 1:4、1:8、1:12 对应的孔表面积不断减小，说明其对应的充填体的强度不断下降，验证了之前得出的灰砂比越小，其强度也越小的结论。

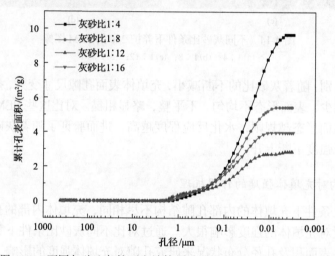

图 4-16   不同灰砂比条件下充填体累计孔表面积与孔径关系的曲线

2) 孔径分布对充填体强度作用机理

图 4-15 和图 4-16 只是从定性的角度分析了不同灰砂比条件下孔径的分布状况，进而推断其对充填体强度的影响效果。接下来，将从定量分析的角度对孔径进行划分，对不同范围内的孔径进行量化，分析其对充填体强度的作用机理。

一些研究(吴中伟和廉惠珍，1999；冯庆革等，2007；田悦，2014)发现，水泥基材料内部的孔隙孔径超过 50nm 会对水泥基材料产生较大的危害，根据上述研究大致可将孔径分为四个等级：孔径小于 20nm 时，认为是无害孔；20~50nm 时，称为少害孔；50~200nm 认为是有害孔；大于 200nm 即为多害孔。本章也将按照此类分级方法对不同灰砂比条件下的孔径进行划分。

图 4-17 显示了不同灰砂比条件下充填体不同孔径分布的百分比。可以看出，灰砂比 1:4 的孔径主要分布在 0.01~1μm，相比于其他三组分布范围较小，在孔径为 0.01~1μm 时，灰砂比 1:4 的占比明显要高于其他三组，说明灰砂比 1:4 的孔径尺寸较小且孔径变化范围也较小，分布比较集中，这也是灰砂比 1:4 对应的充填体强度较高的原因。

图 4-18 是不同灰砂比条件下充填体的孔径分布图。可以看出，不同灰砂比条件下充填体的孔径主要集中在大于 200nm 和 50~200nm 两个孔径范围区间，说明绝大多数孔隙都是不利于充填体强度发展的。1:4~1:16 四组不同灰砂比对应的有害孔和多害孔的

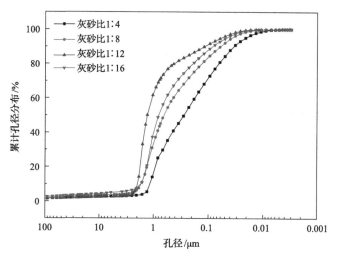

图 4-17　不同灰砂比条件下充填体的累计孔径分布曲线

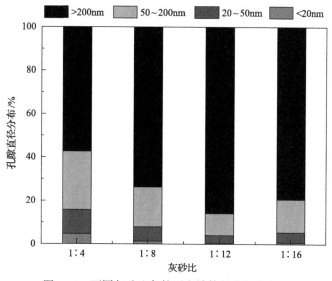

图 4-18　不同灰砂比条件下充填体的孔径分布图

孔径百分比分别为 84.34%、92.17%、96.00% 和 94.64%，说明充填体的强度主要取决于大于 50nm 的孔径的孔隙。而且可以看出，灰砂比为 1∶4 的有害孔和多害孔的孔隙含量明显低于其他三组较低灰砂比的充填体，验证了灰砂比为 1∶4 的强度高于其他三组的原因。还可以看出，灰砂比为 1∶4、1∶8、1∶12 对应的大于 50nm 的孔径体积百分比依次递增，可以推断出，随着灰砂比的不断降低，其对应的有害孔和多害孔的孔体积分数不断上升，验证了充填体的强度随灰砂比的降低而降低的结论。

参 考 文 献

冯庆革, 卢凌寰, 杨绿峰. 2007. 混凝土孔径分布与强度关系的灰色系统研究[J]. 广西大学学报(自然科学版), (3):255-258.

李文臣. 2016. 硫酸盐对充填体早期性能的影响及其机理研究[D]. 北京: 中国矿业大学(北京).

田悦. 2014. 掺合料对低温混凝土孔径分布的影响[J]. 低温建筑技术, 36(3): 7-10.

吴爱祥, 王洪江. 2015. 金属矿膏体充填理论与技术[M]. 北京: 科学出版社.

吴中伟, 廉惠珍. 1999. 高性能混凝土[M]. 北京: 中国铁道出版社.

Du C F, Chen L, Cai D. 2011. Experiment on the cement-tailings ratio of cemented filling with tailings of daye iron mine and research on hydration reaction mechanism[J]. Advanced Materials Research, 250: 10-16.

Hou C, Zhu W C, Yan B X. 2018. Influence of binder content on temperature and internal strain evolution of early age cemented tailings backfill[J]. Construction and Building Materials, 189: 585-893.

Liu L, Yang P, Zhang B. 2021. Study on hydration reaction and structure evolution of cemented paste backfill in early-age based on resistivity and hydration heat[J]. Construction and Building Materials, 272: 1-12.

第 5 章

充填固化过程多场性能同时演绎关联机制

充填料在采场养护期间，其自身作用过程是一个热-水-力-化多场性能同时演绎的复杂行为。这些行为并非孤立存在，彼此之间存在一定的关联性。本章根据力学强度性能、充填料内部温度、基质吸力、体积含水率和电导率的演化规律，系统开展充填料固化过程多场性能关联性研究。分别对充填料水-力学性能关联性、水-化学-力学性能关联性、热-化学-力学性能关联性进行研究，最终建立不同初始温度、不同质量浓度及不同灰砂比条件下充填料热-水-力-化多场性能关联机制，为矿山实际采场多场性能研究和安全高效开采提供理论原型。

5.1 充填料水-力学性能关联性分析

5.1.1 充填料自干燥行为

依据水与固相组分的相互作用，可将充填料内部的水划分为吸附水、结晶水和化合水(袁润章，1996)。

(1)吸附水以呈中性的水分子 H_2O 形态存在。其不参与组成水化物的结晶结构，而是在分子力和表面张力的作用下吸附于固体粒子的孔隙或表面。它们可以随着温度、湿度、应力的变化而发生变化，对胶结体的性质产生较大的影响。吸附水又包括毛细管水和凝胶水。凝胶水是指凝胶体内所含的水，它的数量大体上正比于凝胶体的数量，由于吸附作用，凝胶水比较牢固地吸附在凝胶体表面；毛细管水主要取决于毛细管的数量，它是指凝胶体外部毛细孔内空间所含的水量。

(2)结晶水也是以中性水分子 H_2O 的形态存在。但是它有固定的配位位置，水分子的数量也与水化物其他组分的含量有一定的比例关系。结晶水受到晶格的束缚，结合较为牢固，因此要使它从水化物中脱去就需要比较高的温度。

(3)化合水也称为结构水，其并不是真正的水分子，而是以 OH 的形式参与组成水化物的结晶结构，并且有确定的含量比和固定的配位位置。它在晶格中的结合强度比结晶水大，因此只有在更高温度下当晶格破坏时才能释放出来。

对于全尾砂充填料，在忽略外界影响的前提下，其消耗的内部水分种类包括吸附水、结晶水、化合水。随着这三种水分的不断转化，充填料一般由略饱和状态逐渐转变为饱和状态，最后为不饱和状态，如图 5-1 所示。

略饱和　　　　　　饱和　　　　　　不饱和

图 5-1　充填料养护时含水状态变化过程

基质吸力反映了三种形态的水分转化的速率，充填料体积含水率的变化主要反映了结晶水和化合水两种形态水分的多少。本章将充填料基质吸力和体积含水率演化统称为充填料的自干燥行为，充填料自干燥行为主要由充填料内部胶凝材料水化反应所致。因此，充填料水力特性演化与其力学性能发展之间存在某种必然联系。需要注意的是，本节侧重分析水-力学性能关联，因此暂不考虑初始温度的影响，只针对室温(20℃)情况下水-力学性能进行关联分析，同时对不同充填料质量浓度和不同灰砂比条件下的水-力学进行关联分析。下面就这两者之间的关系进行具体分析和探讨。

5.1.2　室温条件下充填料水-力学性能

1. 充填料体积含水率与力学性能关联分析

初始温度为20℃的充填料养护过程中，通过传感器对充填料内部体积含水率、基质吸力及充填体单轴抗压强度测试结果归纳如图 5-2 所示。可以看出，体积含水率随养护时间变化规律为先增大后减小。当养护时间约为 6h 时，充填料内部体积含水率达到最大值，6h 后逐渐减小。基质吸力与单轴抗压强度均随养护时间的增加而增大，且在 7d 养护时间之内，基质吸力与单轴抗压强度值相当。当养护时间大于 7d 时，基质吸力增长速率逐渐变缓，而单轴抗压强度依然在快速增长。这说明基质吸力能够较好地反映充填料7d 内强度演化，这对于充填体早期力学性能研究具有重要意义。对于矿山来说，充填体早期强度发展越好，挡墙拆除时间越早，采充周期越短，生产效率越高。

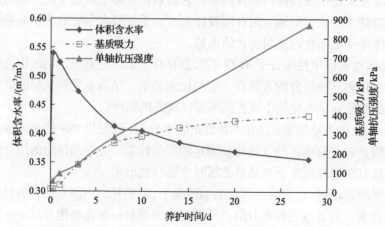

图 5-2　体积含水率、基质吸力和单轴抗压强度随养护时间的变化规律

2. 充填料基质吸力与体积含水率的关系

在土力学领域，基质吸力是土对水的吸持潜能，非饱和土的基质吸力与土的水分状态相关，充填料的体积含水率对基质吸力存在较大影响。一般认为，基质吸力随含水率的增大而单调减小(Zhang et al.，2013)。而在充填领域，充填料内部基质吸力的研究相对较少。但也有学者对充填料内部基质吸力产生了兴趣，认为基质吸力的增加会使充填料内部有效应力增加；同时认为，有效应力增加这一过程对充填料从浆体状态变为硬化状态非常重要(Helinski et al.，2006；Abdul-Hussain and Fall，2011)。

基质吸力常用于非饱和土力学，随着养护时间延长，充填体由于排水、水化反应、自干燥等原因，逐渐由饱和状态变为非饱和状态。而基质吸力可以见证这一变化过程，一般来说，基质吸力发展越快，对早期强度发展越有利，基质吸力越大，充填体强度越大。

为此，本节绘制基质吸力-体积含水率特征曲线如图 5-3 所示。可以明显看出，基质吸力随着体积含水率的减小而不断增大。两者回归方程为

$$V_{\mathrm{w}} = 0.5449\mathrm{e}^{-0.001f_{\mathrm{s}}}, \quad R^2 = 0.9987 \tag{5-1}$$

式中，f_{s} 为基质吸力，kPa。

该式表明，基质吸力与体积含水率为幂函数关系。当基质吸力为 0 时，体积含水率的值表明充填料开始发生水化反应前一瞬间的含水情况。

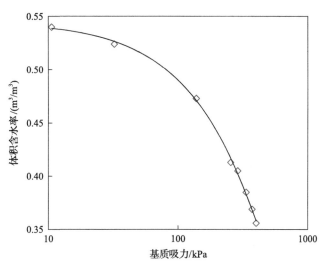

图 5-3 基质吸力-体积含水率特征曲线

5.1.3 不同质量浓度条件下充填料水-力学性能

充填料的质量浓度影响充填料中含水率的高低，充填料的质量浓度越高，其含水率越低。同时，基质吸力是土体的持水能力的表现，基质吸力是孔隙水压力与孔隙气压力

共同作用的结果，所以说不同质量浓度条件下的基质吸力与体积含水率之间存在一种较强的相关性。

为了研究不同质量浓度条件下的基质吸力与体积含水率的关联性，绘制了以基质吸力和体积含水率分别为横、纵轴的四种料浆浓度的特征曲线如图 5-4 所示。由图 5-4 可以看出基质吸力与体积含水率大体上呈负相关趋势，即基质吸力越大，体积含水率越低。这反映了充填料的自干燥行为，随着养护时间的不断延长，充填料内部由于水化作用的存在，对充填料内部的水分不断进行消耗，促进基质吸力的发展。

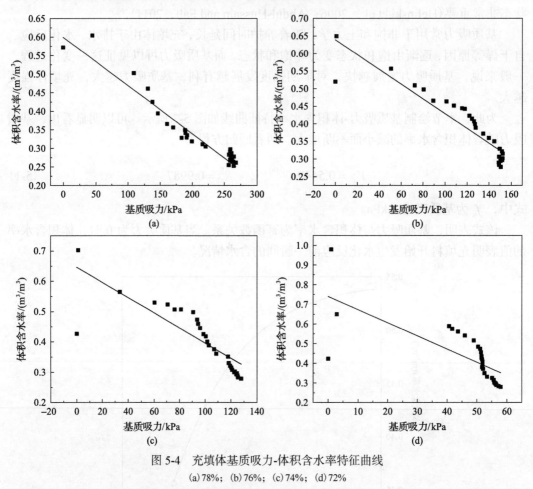

图 5-4　充填体基质吸力-体积含水率特征曲线
(a) 78%；(b) 76%；(c) 74%；(d) 72%

表 5-1 是基质吸力与体积含水率的拟合方程，由表 5-1 可以看出，随着料浆浓度的增加，相关性系数 R^2 逐渐减小，即相关性变差，由前文研究可知，在基质吸力小于 40kPa 时，可认为充填体尚未开始固结，此时自由水的迁移大于水化反应的消耗，造成此时的基质吸力与体积含水率不相关，因此将基质吸力小于 40kPa 的尚未固结的数据剔除，重新进行线性回归的拟合，其中 78%浓度组的数据均大于 40kPa 无须重新处理。得到的线性回归方程见表 5-1 中的 76%*、74%* 及 72%* 组，可以明显地看出其相关性系数 R^2 较未处理的大，相关性增强。

表 5-1　基质吸力-体积含水率回归方程

料浆浓度	线性相关方程	相关性系数 R^2
78%	$f_s = -0.0013V_w + 0.6125$	0.9213
76%	$f_s = -0.0021V_w + 0.639$	0.8525
74%	$f_s = -0.0025V_w + 0.6462$	0.6968
72%	$f_s = -0.0067V_w + 0.74$	0.5305
76%*	$f_s = -0.0027V_w + 0.7278$	0.9197
74%*	$f_s = -0.0044V_w + 0.8509$	0.9473
72%*	$f_s = -0.0205V_w + 1.4658$	0.9148

*剔除基质吸力小于 40kPa 的尚未固结的数据。

5.1.4　不同灰砂比条件下充填料水-力学性能

　　充填料的自干燥过程主要是水泥的水化过程，充填料中灰砂比的不同会影响水化反应速率，进而影响对充填料中自由水的消耗，进而影响基质吸力，所以不同灰砂比条件下充填料的基质吸力与体积含水率之间存在一种较强的关系。绘制不同灰砂比条件下基质吸力与体积含水率随养护时间的变化曲线，如图 5-5 所示。从图 5-5 中可以看到，纵

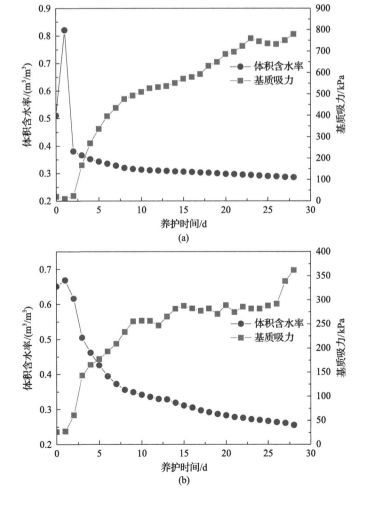

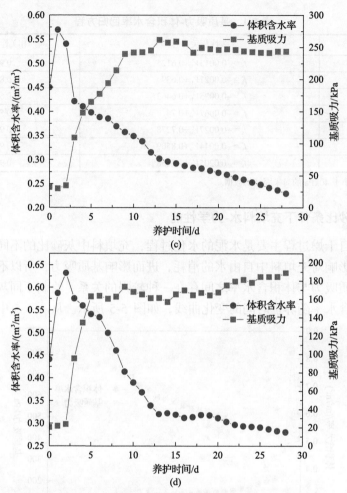

图 5-5　不同灰砂比条件下体积含水率与基质吸力关联曲线

(a) 灰砂比 1∶4；(b) 灰砂比 1∶8；(c) 灰砂比 1∶12；(d) 灰砂比 1∶16

使灰砂比不同，所有的灰砂比水平仍表现出相同的关联性质。基质吸力与体积含水率在养护的早期均具有相应快速的增长和降低。尤其在养护的 1～7d，基质吸力有一个较快的攀升，相应的体积含水率在快速达到峰值后有一个较快的下降，两者在养护的早期呈现负相关的关系。基质吸力和体积含水率在养护的早期关联性较强，后期由于基质吸力趋于稳定，体积含水率却由于蒸发等作用不断下降。

5.2　充填料水-化学反应-力学关联性分析

5.2.1　充填料水化-硬化机理

全尾砂充填料水化-硬化实质上就是其胶凝材料的水化-硬化过程，因此，本节通过充填料常用水泥——波特兰水泥水化反应机理来阐明全尾砂充填料水化-硬化过程。波特兰水泥主要包含不同的氧化物，水泥的化学组成通常写成氧化物符号，普遍接受的简称见表5-2。

表5-2 波特兰水泥典型氧化物组成

氧化物	简称	常用名	典型质量分数/%
CaO	C	石灰	63
SiO_2	S	硅土	22
Al_2O_3	A	矾土	6.0
Fe_2O_3	F	氧化铁	2.5
MgO	M	氧化镁	2.6
K_2O	K	碱金属*	0.6
Na_2O	N		0.3
SO_3	$\bar{S}$	三氧化硫	2.0
H_2O	H	水	—

*两种碱金属通常混合成一种当量碱金属，当量碱金属= $Na_2O+0.658 K_2O$。

单独的氧化物可以结合成化合物，用来对水泥水化行为进行表征。通常在水泥中发现的化合物以及它们的简称见表5-3。水泥的行为可以通过改变化合物组成及水泥细度来进行修正。每种水泥成分的水化反应度如图5-6所示(Kosmatka，2002)。

表5-3 波特兰水泥典型化合物组成

化学名称	化学式	简化符号
硅酸三钙	$3CaO \cdot SiO_2$	C_3S
硅酸二钙	$2CaO \cdot SiO_2$	C_2S
铝酸三钙	$3CaO \cdot Al_2O_3$	C_3A
铁铝酸四钙	$4CaO \cdot Al_2O_3 \cdot Fe_2O_3$	C_4AF
二水硫酸钙	$CaSO_4 \cdot 2H_2O$	$C\bar{S}H_2$

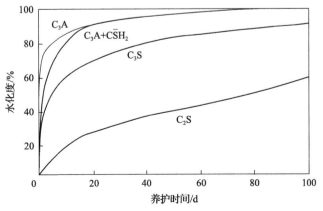

图 5-6 不同水泥组分水化度与养护时间关系图

由图 5-6 可以看出，C_3A 和 C_3S 对早期水化贡献较大，而 C_2S 相对反应较慢。当水泥中加入石膏（二水硫酸钙，$C\bar{S}H_2$）时，其对水化反应的影响在该图中也可以明显看出。石膏的加入会减慢 C_3A 的早期水化，这将会防止充填料快速凝固，因此石膏的总量将影响水化反应进程。由该图还可以看出，C_3A 的反应速率最快，尽管该反应对充填体早期强度贡献明显，但是对充填体终期强度来说，该过程贡献较小。对充填体长期强度贡献较大的是硅酸钙（C_3S 和 C_2S），其中 C_3S 更活跃，提供早期强度，但是 C_2S 对充填体长期强度贡献更大。

硅酸钙（C_3S 和 C_2S），水化形成 C-H 和 C-S-H。水化后波特兰水泥含有质量比为 15%～25% C-H 和 50% C-S-H。充填体的强度及其凝结性能主要取决于 C-S-H，波特兰水泥水化反应过程以及颗粒尺度和 C-S-H 结构如图 5-7 所示（Kosmatka，2002）。

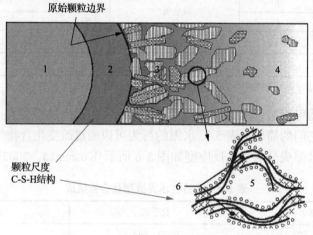

图 5-7　波特兰水泥水化反应过程示意图

1-未反应核；2-内部产物；3-C-S-H 颗粒；4-毛细孔；5-胶凝产物孔隙；6-层间孔隙度

根据上述分析，可将充填料的水化反应过程归纳为：首先是胶凝材料的水化分解，以及早期 C-S-H 相的形成，然后是稳定的水化产物及微观结构的形成，最后是水化产物的继续增长及微观结构的逐渐密实。金属矿充填技术常用的水泥——波特兰水泥基本的反应过程归纳见表 5-4（Kosmatka，2002）。

表 5-4　波特兰水泥化合物水化反应

水化反应物		水化生成物	
$2(3CaO \cdot SiO_2)$ 硅酸三钙（C_3S）	$+11H_2O$ 水（H）	$=3CaO \cdot 2SiO_2 \cdot 8H_2O$ 水化硅酸钙（C-S-H）	$+3(CaO \cdot H_2O)$ 氢氧化钙（C-H）
$2(2CaO \cdot SiO_2)$ 硅酸二钙（C_2S）	$+9H_2O$ 水（H）	$=3CaO \cdot 2SiO_2 \cdot 8H_2O$ 水化硅酸钙（C-S-H）	$+CaO \cdot H_2O$ 氢氧化钙（C-H）
$3CaO \cdot Al_2O_3$ 铝酸三钙（C_3A）	$+3(CaO \cdot SO_3 \cdot 2H_2O)$ 石膏	$+26H_2O$ 水	$=6CaO \cdot Al_2O_3 \cdot 3SO_3 \cdot 32H_2O$ 钙矾石
$2(3CaO \cdot Al_2O_3)$ 铝酸三钙（C_3A）	$+6CaO \cdot Al_2O_3 \cdot 3SO_3 \cdot 32H_2O$ 钙矾石	$+4H_2O$ 水	$=3(4CaO \cdot Al_2O_3 \cdot SO_3 \cdot 12H_2O)$ 硫铝酸钙

续表

水化反应物			水化生成物
$3CaO \cdot Al_2O_3$ 铝酸三钙(C$_3$A)	$+ CaO \cdot H_2O$ 氢氧化钙(C-H)	$+12H_2O$ 水	$=4CaO \cdot Al_2O_3 \cdot 13H_2O$ 水化铝酸四钙
$4CaO \cdot Al_2O_3 \cdot Fe_2O_3$ 铁铝酸四钙(C$_4$AF)	$+10H_2O$ 水	$+2(CaO \cdot H_2O)$ 氢氧化钙(C-H)	$=6CaO \cdot Al_2O_3 \cdot Fe_2O_3 \cdot 12H_2O$ 水化铁铝酸钙

注：该表格只是给出了主要的转换过程，水化硅酸钙(C-S-H)并不是化学计量的。

　　波特兰水泥水化反应微观结构主要成分的相对体积含量随养护时间的变化规律如图 5-8 所示，由该图可以看出，大部分水化产物会在 3d 之后出现，但是量相对少一些，C-S-H 和 C-H 是最容易观测到的微观结构。有些在后期会逐渐减少，如 AFt。正因如此，C-H 及 C-S-H 经常作为充填料微观分析时主要的对比成分，某硬化水泥浆体 SEM 图 C-H 和 C-S-H 水化产物标记如图 5-9 所示(Kosmatka，2002)。

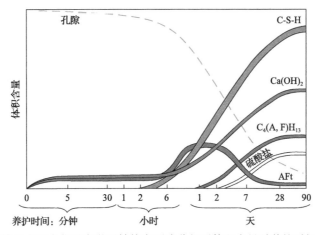

图 5-8　波特兰水泥水化反应微观结构主要成分相对体积含量随养护时间的变化规律

图 5-9　硬化水泥浆体 SEM 图
(a) 500 倍；(b) 1000 倍。其中深色片状为 C-H，球状凝胶状为 C-S-H

5.2.2　初始温度条件下充填料水化反应速率与体积含水率关系

　　充填料水化反应是造成其内部体积含水率变化的一个重要原因，因此本节对初始温度条件下的充填料水化反应速率与体积含水率的关系进行分析。

胶凝材料水化反应速率一般采用水化反应度来表征,水化反应度(α)定义为参与水化反应的胶凝材料质量与总胶凝材料质量之比。水化反应度可以提供一种充填料水化过程量化方法,充填料水化反应度随时间的演化可由下式表达(Pane and Hansen,2002):

$$\alpha(t_e) = \alpha_u \exp\left[-\left(\frac{\tau}{t_e}\right)^{\beta}\right] \tag{5-2}$$

式中,$\alpha(t_e)$ 为等效龄期为 t_e 时的水化反应度;τ 为水化时间参数,h;β 为水化形状参数;α_u 为最终水化反应度。

等效龄期可以用下式来表达(Schindler,2004):

$$t_e = \frac{\tau}{\tau_T} \cdot t \tag{5-3}$$

式中,τ_T 为水泥基材料在温度为 T 时的水化时间参数;t 为实际养护龄期。

最终水化反应度(α_u)主要受水灰比(w/c)影响(Hansen,1986)。式(5-4)是饱和水泥基材料推荐的最终水化反应度计算方法,该方法是基于大量实验结果测试而获得的(Mills,1966)。

$$\alpha_u = \frac{1.031 \cdot w/c}{0.194 + w/c} \tag{5-4}$$

式中,α_u 为最终水化反应度;w/c 为水灰比。

此外,最终水化反应度被认为与养护时间无关(Kjellsen et al.,1991)。在混凝土领域,由于低水灰比(0.2~0.6),其中的水泥或胶凝材料通常不能完全发生水化反应。也就是说,其最终水化反应度可能永远达不到 1(Schindler and Folliard,2003)。然而,全尾砂充填经常采用高的水灰比(Wu et al.,2012)。因此,充填料内部的胶凝材料能够完全发生水化反应,这样,充填料的最终水化反应度被认为是 1。由式(5-4)可知,当水灰比为 6.258 时,水泥基材料最终水化反应度恰好为 1。本节水灰比为 7.6,因此,认为本节充填料最终水化反应度为 1。

根据式(5-2)和式(5-3),以及有关文献的参数推荐(Schindler,2004),获得不同养护时间水化反应度。不同养护时间水化反应度和体积含水率演化过程如图 5-10 所示。可以明显看出,充填料内部体积含水率在 6h 前增加,6h 后减小。这是由于养护时间小于 6h 时,充填料内部孔隙水在重力作用下迁移水量大于水化反应消耗水量。因此,体积含水率逐渐增大。当充填料内部水分迁移达到平衡状态时,水化反应依然不断进行,对充填料内部水分不断消耗。此时充填料内部体积含水率又逐渐下降。在此,值得注意的是,充填料体积含水率达到最大所需要的时间及高含水率维持时间,对充填体孔隙水压力具有重要影响。发生时间越晚、持续时间越长,对充填体早期强度发展越不利,越不利于挡墙拆除(Abdul-Hussain,2010;Abdul-Hussain and Fall,2012)。

根据上述分析以及图 5-10，水泥水化反应会消耗充填料内部的水分，将自由水转化为结合水。除此之外，造成充填料内部体积含水率变化的原因还有自由水在充填料孔隙间的渗流作用。充填料某一位置体积含水率的构成如图 5-11 所示。

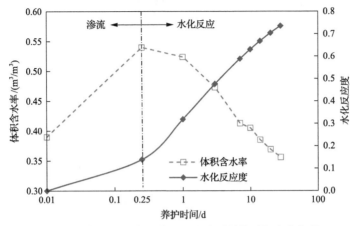

图 5-10　体积含水率、水化反应度随养护时间变化规律

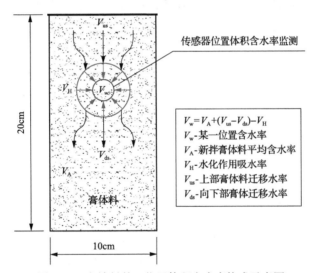

图 5-11　充填料某一位置体积含水率构成示意图

本节侧重于研究水化反应与体积含水率的关系，因此对达到峰值后的体积含水率与水化反应度关系表征如图 5-12 所示。为了定量表征体积含水率与水化反应度之间的数学关系，对两者进行回归分析，如式(5-5)所示。

$$\alpha = -2.8895 V_{\mathrm{w}} + 1.7846, \qquad R^2 = 0.954 \tag{5-5}$$

式中，α 为充填料水化反应度；V_{w} 为充填料体积含水率。

图 5-12 和式(5-5)表明，水化反应度与体积含水率具有直接关联。随着体积含水率逐渐减少，水化反应度不断增加。当水化反应度为 1 时，根据式(5-5)，可得其体积含水率为 0.2715。这说明充填体内部的水分可以满足所有水泥水化反应的需求。这一点与混

凝土不同，正如前面分析，对混凝土来说，为了提高其强度和耐久性，水灰比往往较小，其水化反应度并不能达到 1。

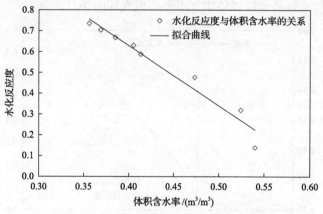

图 5-12　水化反应度与体积含水率的关系

5.2.3　不同质量浓度条件下充填料水化反应速率与体积含水率的关系

使用水化反应度对水化反应速率进行表征时，需要计算得到的参数较多，有水化时间参数、水化形状参数、等效龄期等，需要大量实验计算才能得到，工作量大且数据获得时间长。从化学反应角度看，当水泥发生水化反应时，其内部离子联盟会发生变化，导致充填体的电导率发生变化。通过前文研究分析可以发现，充填料处于相对恒定的养护环境中，其蒸发耗水量恒定，因此造成充填料电导率变化的主要原因就是水化反应造成的离子浓度变化。因此，可以使用电导率这一指标代替水化反应度对水化反应速率进行表征。

图 5-13 是不同质量浓度下充填料体积含水率与电导率的关系图。可以看出，不同料浆浓度的充填料体积含水率与电导率均呈正比例关系，即随着体积含水率的增加，充填料的电导率也增加。为了量化研究电导率与体积含水率的关系，对不同料浆浓度的充填料体积含水率及电导率进行多种拟合，以求出电导率与体积含水率的关系，初始阶段充填料的含水率仅与料浆初始拌和水量有关，因此不考虑初期第一组数据，拟合结果见表 5-5。

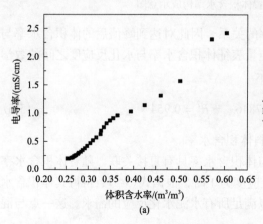

(a)

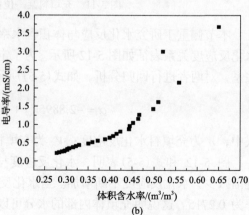

(b)

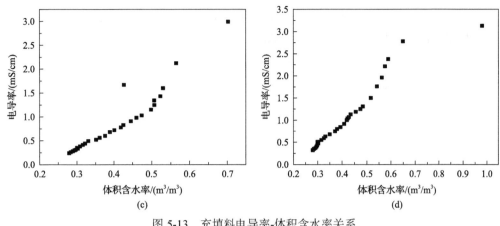

图 5-13 充填料电导率-体积含水率关系

(a) 78%; (b) 76%; (c) 74%; (d) 72%

表 5-5 不同浓度充填料电导率与体积含水率拟合结果

料浆浓度/%	拟合模型	拟合方程	相关性系数 R^2
78	线性	$E=6.1247V_w-1.3766$	0.9835
	指数	$E=0.0385e^{7.8056V_w}$	0.8436
	对数	$E=2.31\ln V_w+3.2611$	0.9693
76	线性	$E=7.3707V_w-2.0681$	0.8753
	指数	$E=0.0317e^{7.6133V_w}$	0.9858
	对数	$E=2.8534\ln V_w+3.5732$	0.7847
74	线性	$E=5.7309V_w-1.4723$	0.9367
	指数	$E=0.054e^{6.2296V_w}$	0.9668
	对数	$E=2.3272\ln V_w+3.0263$	0.8675
72	线性	$E=4.8491V_w-0.9659$	0.9178
	指数	$E=0.167e^{3.9345V_w}$	0.8211
	对数	$E=2.4296\ln V_w+3.2889$	0.9392

注: E 为电导率; V_w 为体积含水率。

由表 5-5 可以看出,四种料浆浓度下的充填料电导率与体积含水率的相关性较强,尤其是使用线性拟合时,相关性系数 R^2 除 76% 浓度组 0.8753 以外,其余三组的相关性系数 R^2 均在 0.91 以上,相关性较好,可以认为不同浓度下的充填料电导率与体积含水率线性正相关。

5.2.4 不同灰砂比条件下充填料水化反应速率与体积含水率的关系

图 5-14 反映了不同灰砂比条件下体积含水率与电导率之间的关联曲线。可以看出,体积含水率与电导率曲线随养护时间的变化趋势相同,两者都是先快速到达各自的峰值,然后随着养护的进行不断降低,在养护早期的下降速率均大于养护后期的下降速率,这些都是由于水化反应早期较强的消耗作用。从 5-14(b) 中看出,灰砂比为 1:8 时,电导

率与体积含水率的曲线基本重合在了一起，其他灰砂比条件下的曲线趋势也都十分相似，可以推断体积含水率与电导率之间有较强的线性关联性。

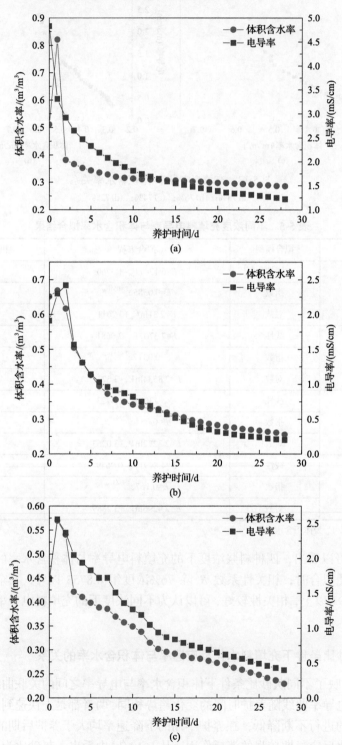

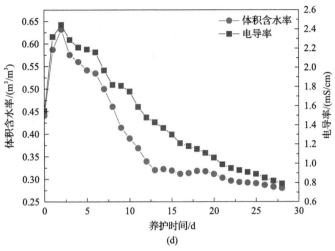

图 5-14 不同灰砂比条件下体积含水率与电导率关联曲线

(a) 1∶4; (b) 1∶8; (c) 1∶12; (d) 1∶16

从图 5-14 中发现不同灰砂比条件下体积含水率与电导率之间存在着较强的线性相关性。通过对不同灰砂比条件下的体积含水率与电导率之间的关联性进行拟合，得到了如图 5-15 所示的拟合直线。两者之间的线性关系可以用公式(5-6)表示。从图 5-15 中可以看到，两者之间的拟合曲线较好地分布于数据点之间，拟合效果较好。从表 5-6 中可以看到，灰砂比 1∶4～1∶16 对应的拟合方程的 R^2 值为 0.82931、0.96407、0.95311、

表 5-6 体积含水率与电导率拟合结果

灰砂比	公式	相关性系数 R^2
1∶4	$V = 0.094\sigma + 0.322$	0.82931
1∶8	$V = 0.186\sigma + 0.215$	0.96407
1∶12	$V = 0.136\sigma + 0.178$	0.95311
1∶16	$V = 0.204\sigma + 0.087$	0.92597

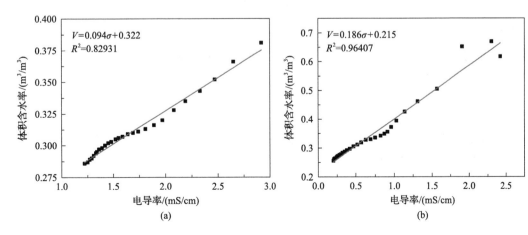

(a)   (b)

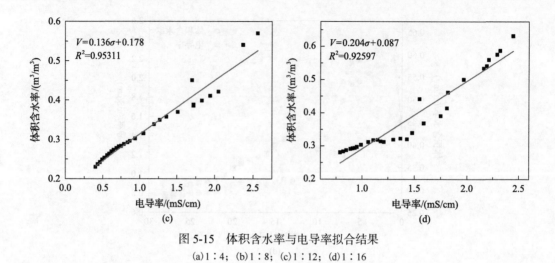

图 5-15 体积含水率与电导率拟合结果

(a) 1 : 4; (b) 1 : 8; (c) 1 : 12; (d) 1 : 16

0.92597,相关性较强。

$$V_w = a + b\sigma \tag{5-6}$$

式中,V_w 代表充填体的体积含水率,m^3/m^3;σ 代表电导率,mS/cm;a、b 为相应拟合参数。

5.3 充填料热-化学反应-力学性能关联性分析

5.3.1 温度效应下水化反应动力学

在日常生活中,人们知道氢和氧在室温下很难生成水,以至于几年后也观测不出有什么变化。但是当温度升高至 600℃时,反应会立即进行,甚至发生爆炸。这是温度对它们的反应速率有一定影响的缘故。从质量作用定律的数学表达式(湛含辉,2007)

$$v = k[A]^m[B]^n \tag{5-7}$$

容易理解反应物浓度对反应速率的影响。由于式中的 k 与反应物浓度无关,而与反应物本身性质密切相关,并受温度变化的影响,所以大多数化学反应的速率随着温度的升高而加快。

对温度影响化学反应速率的研究成果,最具有代表性的是范托夫(van't Hoff)经验规律和阿伦尼乌斯(Arrhennius)公式。

范托夫根据大量的实验事实,归纳出一个近似规律:对一般反应来说,温度每升高10℃,反应速率加快 2~4 倍。其数学表达式如下:

$$\frac{k_{(t+10)}}{k_t} = r, \quad r = 2 \sim 4 \tag{5-8}$$

式中，k_t 为 $t°C$ 的反应速率常数；$k_{(t+10)}$ 为 $(t+10)°C$ 时的速率常数；r 为反应速率的温度系数，其数值依赖于活化能的大小。

在常温下，活化能为 60kJ/mol、90kJ/mol 和 120kJ/mol 时，相应反应速率的温度系数为 2、3 和 4，所以反应速率常数 k_t 既随反应的不同而不同，又随温度的变化而变化。

当温度变化范围不是很大时，r 可以视为常数，$t°C$ 和 $(t+n×10)°C$ 时的速率常数之比为

$$\frac{k_{(t+n×10)}}{k_t} = r^n \tag{5-9}$$

事实上，一般反应是基本符合范托夫规律的。

1869 年，瑞典科学家阿伦尼乌斯根据实验事实，在热力学理论的基础上进一步提出了反应速率常数和温度之间的关系式：

$$k = ze^{-E_a/(RT)} \tag{5-10}$$

或以对数形式表示：

$$\lg k = -\frac{E_a}{2.303RT} + \lg z \tag{5-11}$$

令 $A = -\dfrac{E_a}{2.303R}$，$B = \lg z$，则式 (5-11) 可写成

$$\lg k = \frac{A}{T} + B \tag{5-12}$$

这就是著名的阿伦尼乌斯公式。式 (5-11) 中，e 是自然对数的底 (2.718)；E_a 是所指反应的活化能，kJ/mol；R 是摩尔气体常数，8.314kJ/mol；T 是热力学温度，K。$e^{-E_a/(RT)}$ 代表具有能量等于或大于活化能 E_a 的那些分子分数，它可以从玻尔兹曼能量分布理论导出；z 是给定反应的一个特征常数，称为频率因子，它包括影响反应速率的其他因素，如分子碰撞的频率、引起反应物分子定向碰撞的几何条件等。

关于温度影响反应速率的理论解释，碰撞理论认为：如果反应物分子碰撞引起化学反应，其分子的能量必须等于或大于反应的活化能，同时必须发生定向碰撞。考虑到这两个因素，可用下式表示反应速率：

$$v = f × p × z \tag{5-13}$$

式中，f 为活化分子的数量百分数；p 为碰撞分子处在有利于反应的取向概率；z 为碰撞次数。因为 f 和 p 都远小于 1，所以反应速率就明显小于碰撞次数。

分子的取向概率 p 很难估算，但是 f 值是可以计算的。根据能量分布理论，具有等于或大于反应的活化能的分子占分子总数的百分数等于 f。由此可知，f 是 T 的指数函数。显然 T 增大，而 f 变化得更大，所以温度对反应速率的影响主要是温度升高，反应物活化分子分数大为增加，而 z 的增大，其影响不是主要的。图 5-16 提供了两条分子能

量分布曲线，其中温度 t_2 的曲线要比温度 t_1 的曲线向右位移了一定的距离，温度 t_2 高于温度 t_1，图中画出的面积 A_1 表示在温度 t_1 下，具有动能大于给定值 E_a 的活化分子分数；面积 A_2 表示在温度 t_2 下，具有动能大于 E_a 的活化分子分数，而 $A_2>A_1$。它同样说明了反应物分子在高温 (t_2) 下比低温 (t_1) 时具有较高的活化分子数量百分数，以致能发生更多的有效碰撞，加快化学反应的进行。

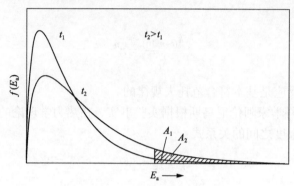

图 5-16 液体分子动能分布曲线

当充填料温度较低时，水化反应速率变得很慢。当温度低于 10℃时，对充填体早期强度变得不利；当温度低于 4℃时，充填体早期强度发展严重滞后；而当温度低于 0℃下降到 -10℃时（如我国西藏、东北、内蒙古，加拿大东部，美国北部存在极寒天气或常年冻土区，充填料到达采场后温度可能会达到 -10℃），充填体强度很小或者没有强度发展（Kosmatka，2002）。

5.3.2 初温效应下充填料水化度-凝结模型

5.3.1 节分析了温度对充填料水化反应影响的内因，而充填体最为关注的是其凝结性能。因此，本节对初温效应下充填料水化反应与凝结性能之间的关联性进行研究。无论初始温度为多少，充填料水化度随其养护时间的变化规律可以形象地归纳为图 5-17。可以看出，随着养护时间的不断延长，水化度呈现非线性增长趋势。其中在潜伏期及凝结

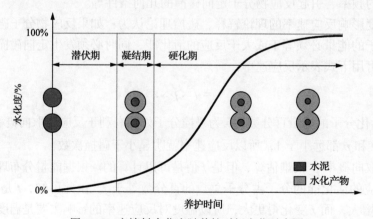

图 5-17 充填料水化度随养护时间变化示意图

期水化度增长趋势相对较缓，当充填料进入硬化期，水化度增长加快，与此同时，强度增长也更加迅速。对充填料来说，其最终水化度可以达到 1，此时认为水泥全部转化为水化产物。

对充填料来说，其凝结性能判别主要借鉴建筑砂浆。一般采用砂浆凝结时间测定仪对砂浆贯入阻力进行测试，当贯入阻力达到 0.5MPa 时，认为充填料凝结。实际上，该方法评价充填料凝结时间有两个不足：第一，该凝结时间测定方法主要针对建筑砂浆，不能精确表达充填料由流态状至凝结最后至硬化几个阶段；第二，建筑砂浆的强度一般来说要远大于充填料的强度，充填料的强度需求根据其功能不同，为 0.1～5MPa 不等，当充填料强度低于 0.5MPa 时，并不能说充填料最终还没有凝结。

根据上述分析，提出基于基质吸力的不同初始温度效应下充填料凝结性能统一判定标准。根据基质吸力不同，将充填料凝结性能分为三个阶段 (Ghirian and Fall, 2013)：①液态阶段，也称为潜伏期，基质吸力范围为 0～10kPa，在该阶段，水泥溶解于水中，形成离子联盟，为水化反应做准备；②水化产物骨架形成阶段，也称为凝结期，基质吸力范围为 10～120kPa，该阶段水化反应剧烈，充填料失去了流动性；③强度快速发展阶段，也称为硬化期，基质吸力大于 120kPa，该阶段充填料强度继续增长，根据充填料功能不同，该阶段的强度上限不同。该分类标准认为充填料内部基质吸力达到 120kPa 即开始进入硬化阶段，完成凝结期。

根据上述分类标准，寻找不同初始温度下对应基质吸力的养护时间，然后再依据图 2-10(a) 不同龄期强度值，采用插值法，求得不同养护时间对应的单轴抗压强度 (UCS)，具体见表 5-7。为了与建筑砂浆概念相对应，作者将凝结期开始时间命名为初凝时间，将硬化期开始时间命名为终凝时间。

表 5-7 不同凝结状态对应养护时间和 UCS

初始温度/℃	凝结期(初凝时间)		硬化期(终凝时间)	
	10kPa 基质吸力对应养护时间/d	UCS/kPa	120kPa 基质吸力对应养护时间/d	UCS/kPa
2	1.41	79.71	5.99	184.15
20	0.74	77.59	3.44	157.81
35	0.28	75.58	1.01	123.68
50	0.20	65.16	0.88	146.76
平均强度		74.51		153.10

由表 5-7 可以看出，按照 10kPa 和 120kPa 划分标准，不同初始温度对应的初凝时间和终凝时间范围分别为 0.20～1.41d 和 0.88～5.99d，相差较大，如图 5-18 所示，凝结期和硬化期均随着初始温度的升高而降低。但是不同初始温度对应的强度值相差并不是特别大。在此，取四种温度的平均强度，即 10kPa 和 120kPa 基质吸力对应的四种温度平均强度值，分别约为 74.51kPa 和 153.10kPa。这样，又将基质吸力划分标准和强度划分标准统一，且认为其不受初始温度的影响。按照强度划分标准如下：当充填体的强度 (UCS) 为 0～75kPa(0～0.075MPa) 时为潜伏期；强度为 75～153kPa(0.075～0.153MPa) 时为凝结期，75kPa 即达到初凝；大于 153kPa 为硬化期，即达到 153kPa 为终凝。该分类标准与

砂浆凝结时间的 0.5MPa 相差较大，但是更符合金属矿充填技术应用。

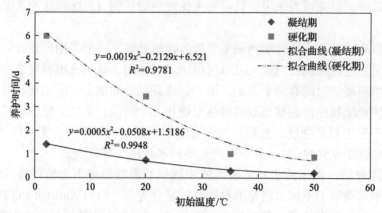

图 5-18 不同初始温度下凝结期与硬化期养护时间

充填料的强度与水化反应具有直接关联，而电导率又可以反映水化反应的速率。电导率达到峰值说明充填料离子联盟已经形成，水泥化学成分溶解达到最活跃程度。因此，进一步将电导率峰值发生时间与凝结期和硬化期之间的关系进行分析，可以通过电导率监测对充填体凝结时间或者硬化时间进行预判。不同初始温度下充填料电导率峰值发生时间、凝结期和硬化期归纳如表 5-8 所示。

表 5-8 不同初始温度电导率峰值时间、凝结期和硬化期

初始温度/℃	电导率峰值时间/d	凝结期/d	硬化期/d
2	0.4	1.41	5.99
20	0.2	0.74	3.44
35	0.05	0.28	1.01
50	0.03	0.2	0.88

根据表 5-8，绘制凝结期、硬化期与电导率峰值时间的关系图，如图 5-19 所示。并

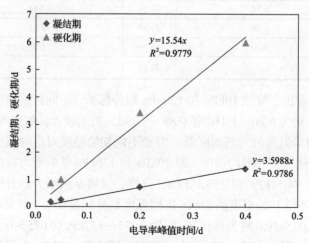

图 5-19 凝结期、硬化期与电导率峰值时间关系

分别对凝结期-电导率峰值时间及硬化期-电导率峰值时间进行线性回归，发现拟合性较好。从拟合函数可以看出，充填料凝结期(初凝)发生时间约为电导率峰值时间的 3.60 倍；而充填料硬化期(终凝)发生时间约为电导率峰值时间的 15.54 倍，且该时间关系均不受初始温度影响。

5.4　充填料热-水-力-化多场性能同时演绎关联机制

根据上述水-力、水-化、水-化-力及热-化-力等性能的关联性分析，发现全尾砂充填料热-水-力-化性能之间存在较强的关联性。因此，本节建立不同初始温度、不同质量浓度及不同灰砂比条件下的充填料固化过程多场性能关联机制，为更好地理解充填料固化过程中的多过程作用机理，以及为充填料固化过程多场性能同时演绎提供理论原型。

5.4.1　初温效应下充填料多场性能关联机制

为了揭示全尾砂充填料内部热-水-化行为和力学性能关联性，更好地理解充填料水化反应过程，设计更加经济和安全的充填体结构。将全尾砂充填料热-水-力-化行为关联性归纳为图 5-20，该图反映了充填料固化过程多场性能的内在联系，具体解释如下：

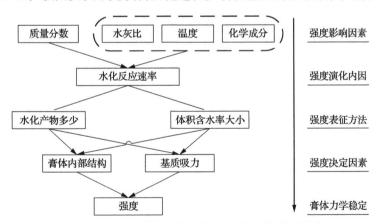

图 5-20　全尾砂充填料热-水-力-化行为关联网络图

(1)充填料强度性能的演化主要是由于充填料内部水泥与水发生水化反应，生成 C-H 和 C-S-H 等水化产物(Li et al.，2009；Shui and Wang，2010)。充填料的质量分数、水灰比、初始温度、养护温度、化学成分等因素影响充填料的水化反应速率。水化反应速率越快，生成的水化产物越多。随着水化产物的不断增加，充填料内部的水分和孔隙的位置逐渐被替换，造成充填体内部孔隙结构越来越密实，最终形成具有一定强度的充填体。

(2)水泥水化反应是一个不断吸水的过程，因此随着水泥水化反应的进行，充填料内部的体积含水率越来越小。与此同时，类似于土力学中土壤吸水过程，充填料内部水分消耗的同时，充填料内部基质吸力越来越大。因此，基质吸力演化受到充填料水化反应速率的影响，也就是说，基质吸力与充填体强度之间存在一定联系。

(3)同时，水泥水化反应过程中，充填料内部离子浓度在不断变化，该变化过程可以通过电导率进行表征。因此，电导率也是一个可以反映充填料水化反应速率的指标，并且电导率与充填料凝结性能有一定关联。

充填料热-水-力-化多场性能实验结果可归纳为图 5-21，该图形象地描绘了充填料温度（热力学因素，T）、电导率（给出了水泥水化反应进程，化学因素，C）、负孔隙水压力和体积含水率（自干燥性能，H），以及强度（力学因素，M）等性能随养护时间同时演绎和各性能之间的相互作用过程。充填料早期热-水-力-化因素相互作用对于理性地设计经济的充填体结构及挡墙拆除时间至关重要。

从该图可以看出，温度效应对水泥化学反应影响明显，并且也可获得热-化耦合效应对充填料自干燥和强度性能的影响。当充填料初始温度增加（早期养护温度增加）时，电导率峰值时间发生变短，这表明高温加速了水泥水化反应进程（图 5-21）。随后，这些热-化耦合作用对充填料基质吸力快速增长（充填料自干燥行为发生或者加剧）开始时间具有明显影响。从图 5-21 可以明显看出，当初始温度为 2℃、20℃、35℃和 50℃时，电导率

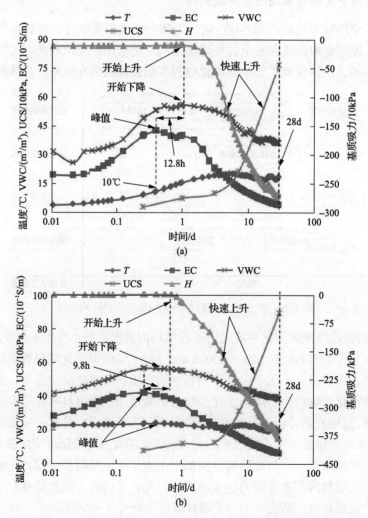

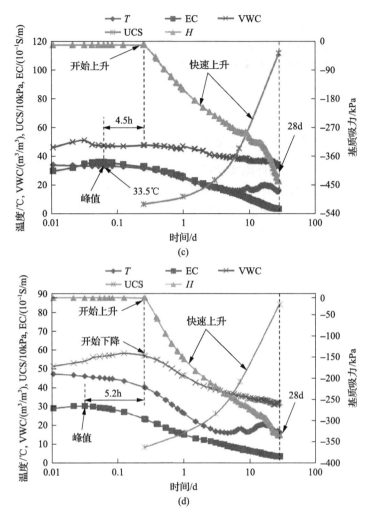

图 5-21 不同初始温度充填料温度(T)、体积含水率(VWC)、基质吸力(自干燥, H)、强度(UCS)、
电导率(水化过程, EC)同时演绎机理图

(a) 2℃; (b) 20℃; (c) 35℃; (d) 50℃

(EC)峰值发生时间(充填料即将进入凝结期)和基质吸力开始明显增长(自干燥行为加剧)之间的间隔时间是 12.8h、9.8h、4.5h 和 5.2h。这表明当初始温度较低(养护温度较低)时，由于水泥水化进程变缓，自干燥行为滞后。鉴于充填料自干燥可以降低挡墙所承受的孔隙水压力这一事实，建议当充填料初始温度较高时(35℃，50℃)，充填挡墙打开时间要早于温度较低时(如 2℃，20℃)。这自然就加快了采矿循环周期以及矿山生产效率。

当所有充填试样的基质吸力还没有开始增长时，热-化耦合效应对充填体强度性能的影响已经较为明显。与较低初始温度(2℃和20℃)相比，较高的初始温度(35℃和50℃)拥有较高强度。从图 5-21 还可以看出，充填料基质吸力(自干燥)和强度发展之间存在较强的耦合作用。无论初始温度为多少，充填料自干燥行为加剧(基质吸力增长)和强度增长之间明显存在关联。这一观点与多孔介质材料高的基质吸力产生高的强度这一著名事实相一致(Fredlund，1993)。这些发现表明，充填体较高的强度及强度的增长速率不仅因为较多的水化产物(如 C-S-H, C-H)的形成细化了充填体的孔隙结构，也因为充填料强烈的自干燥行为导致其基质吸力增加。

从上述分析和结论可知，考虑热(温度-时间)、化(水泥水化进程)、水(自干燥行为导致的基质吸力演化)耦合效应对充填体早期强度的影响，在充填体结构设计和优化中十分重要。

5.4.2 质量浓度影响下充填料多场性能关联机制

充填体的热-水-力-化多场性能实验结果如图 5-22 所示，该图给出了四种料浆浓度下充填体的单轴抗压强度(力学因素，M)、基质吸力和体积含水率(水力学)、充填体温度(热力学因素，T)、电导率(化学因素，C)的多因素同时演绎过程。根据多因素同时演绎过程，可将全尾料充填体固化过程分为三个阶段。

第一阶段：含水率上升阶段。发生在充填料浆制备形成后的 0~8h，充填料由略饱和状态逐渐向饱和状态转化。在该阶段，水泥颗粒开始溶解，发生了少量的水化反应，产生了较少的水化产物 C-H 和 AFt。在这个阶段，充填料内部的自由水在重力作用下不

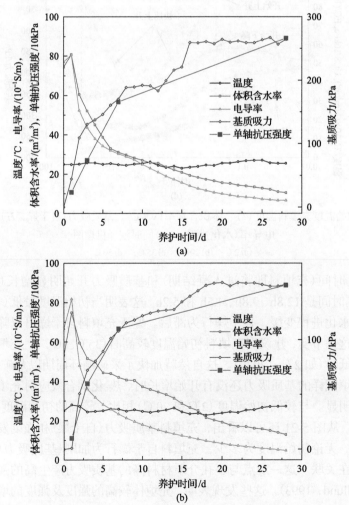

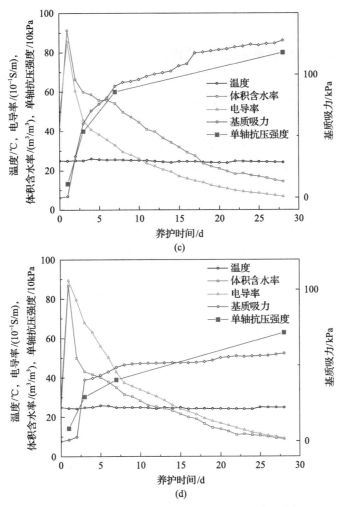

图 5-22 不同料浆浓度充填体多场性能的关联分析

(a)78%；(b)76%；(c)74%；(d)72%

断迁移，此时水化反应消耗水的速率小于自由水的迁移速率，造成充填体内部含水率上升，电导率也随着水化反应产生的离子浓度增加而增大，并且温度会有小幅上升。由于这一时期充填体处于略饱和至饱和状态，基质吸力小于 40kPa，变化不大。

第二阶段：快速固结阶段。充填体养护 8～48h，该阶段为充填体的快速固结阶段，从图 5-22 中可以看出：①在这一阶段水化反应速率较快，内部离子浓度迅速增加，但随着水化产物的生成，充填体内部毛细孔孔径减小，离子流通路径延长，使充填体电导率先增大后减小；②水化反应消耗水的速率不断增加与充填料内部水迁移速率不断减慢及蒸发速率相对不变，会使得体积含水率先增后减；③充填体内部由饱和状态逐渐变为不饱和状态，水化产物填充孔隙，使得孔隙水压力增大，孔隙气压不变，造成基质吸力的快速增大，并且基质吸力均大于 40kPa，此时充填体具有一定强度，可以自立。

第三阶段：强度缓慢增加阶段。充填料充填体养护 48h 以后，水化反应速率逐渐放缓，水化产物产生速度减慢，但水化产物逐渐填充充填体内部孔隙，从而使充填体的物理力学特性得以展现。

5.4.3　灰砂比影响下充填料多场性能关联机制

通过绘制不同灰砂比条件下充填料固化过程中多场性能(温度、基质吸力、体积含水率、电导率)以及单轴抗压强度随养护时间的变化曲线,分析它们之间的关联机制。图 5-23 显示了它们之间的关联性。可以看到,在养护初期 0~3d 的时间内,基质吸力处于稳定阶段,这时充填料内部水分在重力的作用下发生渗流,导致体积含水率快速增大进而达到峰值,同时水泥遇水溶解,电离出大量的离子,从而使电导率快速增长达到峰值。随着水化反应的不断进行,生成更多的水化产物填充到充填体的孔隙中,使充填体强度不断提高。水化反应同时会对充填料中的自由水和离子进行消耗,导致体积含水率和电导率不断下降,含水量减少,饱和度下降,基质吸力不断提高,水化反应不断进行,离子浓度不断下降,电导率不断降低,水化产物不断增多,充填体强度不断提高。这些变化构成了不同灰砂比条件下充填体的多场性能关联机制。

根据图 5-24 中的充填料固化过程的多场性能关联机制,可以将充填料固化过程分为

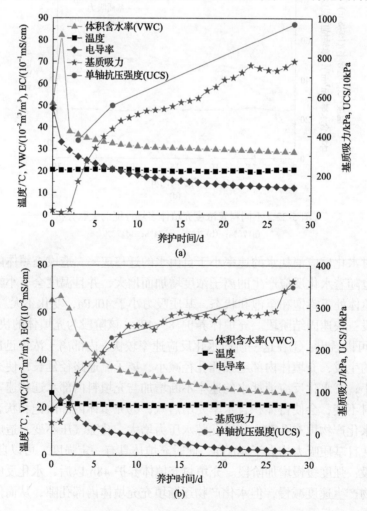

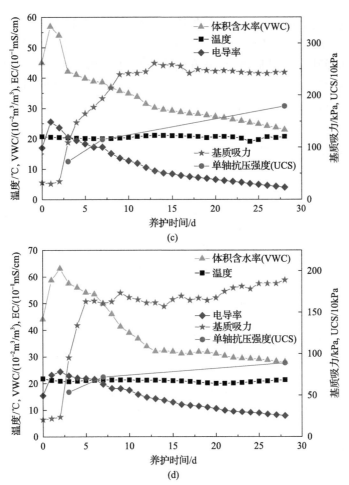

图 5-23 不同灰砂比条件下多场性能关联曲线

(a)1：4；(b)1：8；(c)1：12；(d)1：16

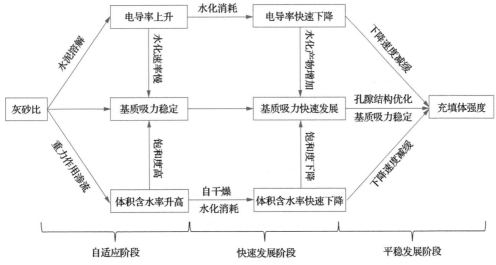

图 5-24 不同灰砂比条件下多场性能关联机制

三个阶段，分别为自适应阶段、快速发展阶段和平稳发展阶段。三个阶段分别对应 0～3d、3～7d 和 7～28d 三个养护时间段。这三个阶段主要存在以下阶段特征。①自适应阶段：0～3d 养护时间段内，基质吸力、体积含水率和电导率均处于自身的短暂发展阶段，为下一阶段的演化蓄能；②快速发展阶段：3～7d 时间内，基质吸力、体积含水率、电导率及充填体的单轴抗压强度等性能快速发展，这是整个固化过程中发展最快、变化最大的养护时间段；③平稳发展阶段：7～28d 养护时间段是一个较为平稳的发展阶段，各种性能均已进入慢速发展时期，进入一个相对稳定的发展阶段。

参 考 文 献

袁润章. 1996. 胶凝材料科学[M]. 武汉: 武汉理工大学出版社.

湛含辉. 2007. 流体力化学原理[M]. 长沙: 中南大学出版社.

Abdul-Hussain N. 2010. Engineering properties of gelfill [D]. Ottawa: University of Ottawa.

Abdul-Hussain N, Fall M. 2011. Unsaturated hydraulic properties of cemented tailings backfill that contains sodium silicate[J]. Engineering Geology, 123 (4): 288-301.

Abdul-Hussain N, Fall M. 2012. Thermo-hydro-mechanical behaviour of sodium silicate-cemented paste tailings in column experiments [J]. Tunnelling and Underground Space Technology, 29: 85-93.

Fredlund R. 1993. Soil Mechanics for Unsaturated Soils[M]. New York: John Wiley & Sons.

Ghirian A, Fall M. 2013. Coupled thermo-hydro-mechanical-chemical behaviour of cemented paste backfill in column experiments. Part I: Physical, hydraulic and thermal processes and characteristics[J]. Engineering Geology, 164 (18): 195-207.

Hansen T C. 1986. Physical structure of hardened cement paste: A classical approach[J]. Materials and Structures, 19 (6): 423-436.

Helinski M, Fourie A, Fahey M. 2006. Mechanics of early age cemented paste backfill[C]// Proceedings of the 9th International Seminar on Paste and Thickened Tailings, Limerick.

Kjellsen K O, Detwiler R J, Gjørv O E. 1991. Development of microstructures in plain cement pastes hydrated at different temperatures [J]. Cement and Concrete Research, 21 (1): 179-189.

Kosmatka S H. 2002. Design and Control of Concrete Mixtures[M]. 14th edition. Skokie: Portland Cement Association.

Li F X, Chen Y Z, Long S Z, et al. 2009. Properties and microstructure of marine concrete with composite mineral admixture[J]. Journal of Wuhan University of Technology-Materials Science Edition, 24 (3): 497-501.

Mills R. 1966. Factors influencing cessation of hydration in water cured cement pastes[R]. Washington D C: Highway Research Board Special Report: 406-424.

Pane I, Hansen W. 2002. Concrete hydration and mechanical properties under nonisothermal conditions[J]. ACI Materials Journal, 99 (6): 534-542.

Schindler A K. 2004. Effect of temperature on hydration of cementitious materials[J]. ACI Materials Journal, 101 (1): 72-81.

Schindler A K, Folliard K J. 2003. INfluence of supplementary cementing materials on the heat of hydration of concrete[C]// Advanced in Cement and Concrete IX Conference, Colorado.

Shui Z, Wang G. 2010. The early hydration and strength development of high-strength precast concrete with cement/metakaolin systems[J]. Journal of Wuhan University of Technology-Materials Science Edition, 25 (4): 712-716.

Wu D, Fall M, Cai S J. 2012. Coupled modeling of temperature distribution and evolution in cemented tailings backfill structures that contain mineral admixtures[J]. Geotechnical and Geological Engineering, 30 (4): 935-961.

Zhang M, Zhang H Y, Zhou L. 2013. Temperature effects on unsaturated hydraulic property of bentonite-sand buffer backfilling mixtures[J]. Journal of Wuhan University of Technology- Materials Science Edition, 28 (3): 487-493.

第6章

基于固化性能监测的充填体强度协同表征

充填料水化反应、流固转变、力学发展等过程必然导致充填体内部体积含水率、基质吸力、电导率等性能的改变；反之，通过这些性能的演变反馈，也可以对充填体强度发展进行判别。本章首先在充填体与各性能之间建立单一联系，分析各性能与强度之间的关系并对这种关系进行表征，最终建立基于多性能的强度协同表征方法，旨在通过多个维度性能演变判定和表征强度大小，为充填料固化过程强度识别提供重要理论依据。

6.1 充填体强度与基质吸力的关系

基质吸力是土力学中孔隙水压力与孔隙气压力共同作用的结果，基质吸力在一定程度上与充填体的强度之间有密不可分的关系(毕成，2020；毕成等，2021)，本节针对不同初始温度条件下、不同质量浓度条件及不同灰砂比条件下的基质吸力与强度两者之间的关联性，以及两者之间的数学关系进行分析和表征(Wu et al.，2016；王勇，2017；Wang et al.，2017)。

6.1.1 不同初始温度条件下基质吸力与强度的关系

对于充填体，最为关心的当属强度。基质吸力是真正反映充填料内部黏聚力的指标，并且基质吸力的发展使得充填体强度不断增加。通过对不同初始温度条件下的基质吸力与单轴抗压强度进行关联分析，得到图 6-1 所示的基质吸力和单轴抗压强度之间的关系。可以看到，基质吸力与单轴抗压强度之间存在一种正比的关系，基质吸力和单轴抗压强度均在养护的初期发生较为缓慢的增长，养护后期的基质吸力与强度都出现快速增长的趋势，可以看出基质吸力的发展促进充填体强度的发展。因此，有必要建立基于基质吸力的全尾充填料强度预测模型。图 6-2 给出了不同的初始温度条件下 UCS 随基质吸力的演化情况，对两者关系进行回归，得到如式(6-1)所示的函数关系，不同初始温度条件下对应的拟合结果见表 6-1。

$$UCS = ae^{bf_s} \tag{6-1}$$

式中，UCS 为单轴抗压强度，MPa；f_s 为基质吸力，kPa；a 和 b 为拟合参数。

由表 6-1 中不同初始温度条件下的拟合公式可以看出，不同初始温度拟合公式的 R^2 值均大于 0.98，拟合效果很好，说明充填体强度与基质吸力具有较强的关联。当初始温度为 2℃时，出现了养护时间 1d 对应的基质吸力值高于养护时间 0.25d 对应的基质吸力值，这个点可能是由于传感器误差及养护过程中出现问题，故将该数据点删除。而且值得注意的是，充填体强度随着基质吸力的增加并非线性增长。基质吸力随强度的发展趋势基本一致，在养护的前期发展速率要慢于养护后期，这说明，基质吸力在充填料养护的较早时期(7d)演化较快，而当养护至 28d 时，基质吸力的增长速度开始逐渐低于强度增长速度。这主要是因为，充填料在 7d 内水化反应剧烈，水分消耗较多，因此基质吸力也发展较快。

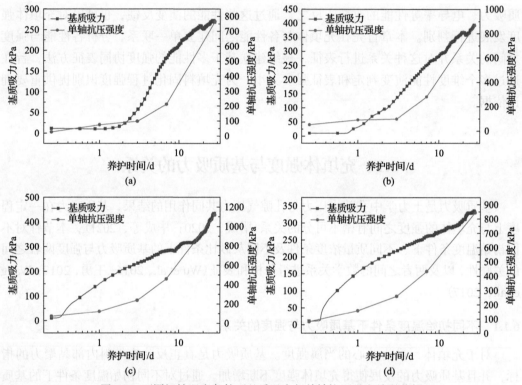

图 6-1　不同初始温度条件下基质吸力与单轴抗压强度关联分析
(a) 2℃；(b) 20℃；(c) 35℃；(d) 50℃

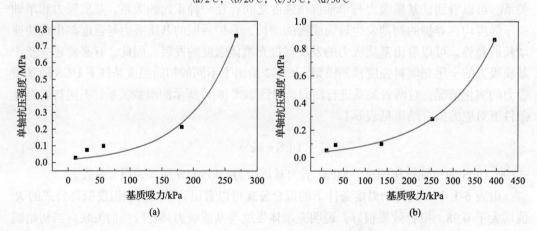

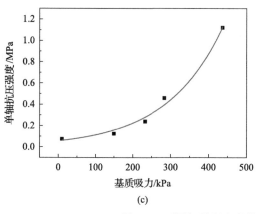
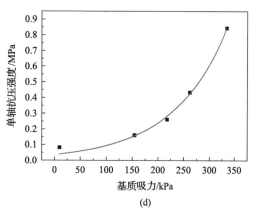

图 6-2 不同初始温度条件下 UCS 与基质吸力关系图

(a) 2℃；(b) 20℃；(c) 35℃；(d) 50℃

表 6-1 不同初始温度条件下 UCS 与基质吸力拟合结果

初始温度/℃	公式	相关性系数 R^2
2	$UCS = 0.01996e^{0.01363f_s}$	0.98296
20	$UCS = 0.04137e^{0.00769f_s}$	0.99442
35	$UCS = 0.05762e^{0.00681f_s}$	0.98712
50	$UCS = 0.03697e^{0.00935f_s}$	0.99162

以上不同初始温度条件下基质吸力与充填体的单轴抗压强度之间存在一种较强的指数函数关系，拟合度良好，同时对不考虑初始温度条件下的基质吸力与充填体的单轴抗压强度之间的关系进行探究，得到图 6-3 所示的拟合曲线和如下所示的拟合公式，拟合效果良好，说明在不考虑初始温度的条件下，基质吸力与充填体强度之间仍然存在一种较强的相关性，进一步说明基质吸力与充填体强度之间存在一种固有关系，不受外界因素影响。

$$UCS = 0.08086e^{0.00616f_s}, \qquad R^2 = 0.9999 \tag{6-2}$$

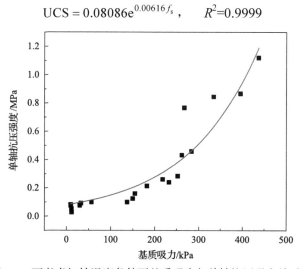

图 6-3 不考虑初始温度条件下基质吸力与单轴抗压强度关系图

6.1.2 不同料浆浓度条件下基质吸力与强度的关系

将四种料浆浓度条件下充填体的基质吸力与相应龄期的单轴抗压强度进行分析，得到不同料浆浓度的充填体基质吸力与单轴抗压强度的关系(图 6-4)。可以看出，四种料浆浓度的充填体基质吸力与单轴抗压强度存在明显关联，除 72% 浓度组早期以外，其余三组均呈现较明显的正相关趋势(毕成等，2020)。

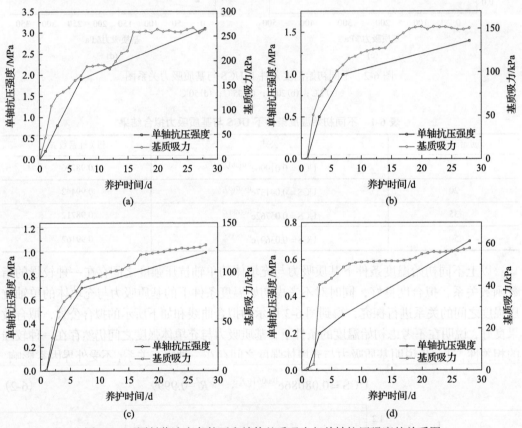

图 6-4　不同料浆浓度条件下充填体基质吸力与单轴抗压强度的关系图

(a) 78%；(b) 76%；(c) 74%；(d) 72%

现根据已有数据，分别以基质吸力和单轴抗压强度作为横、纵坐标，按不同料浆浓度进行分组作图，并对图中数据进行线性拟合，拟合结果如图 6-5 所示。拟合结果表明，充填体的基质吸力与单轴抗压强度可以采用线性函数拟合，并且相关性较好，可以将线性拟合表示为式(6-3)，并将各自得到的回归方程和相关系数列入表 6-1 中。

$$\mathrm{UCS} = af_s + b \tag{6-3}$$

式中，UCS 为单轴抗压强度，MPa；f_s 为基质吸力，kPa；a 和 b 为拟合常数。

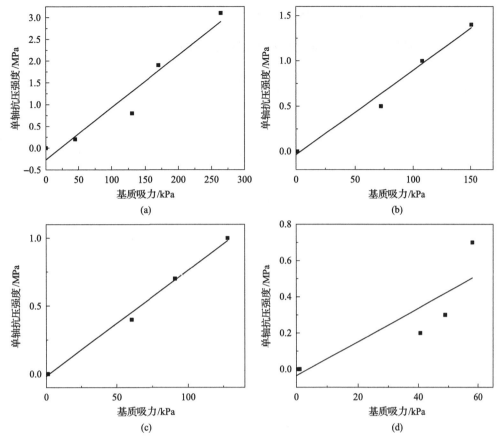

图 6-5　不同料浆浓度条件下充填体基质吸力与强度的关系拟合图
(a) 78%；　(b) 76%；　(c) 74%；　(d) 72%

　　通过实验数据回归分析，得到不同浓度条件下充填体单轴抗压强度和基质吸力的拟合关系和相关性系数 R^2，结果见表 6-2。由表 6-2 可以看出，除 72% 浓度组以外，其余三组的相关性系数 R^2 均大于 0.9287，说明其单轴抗压强度与基质吸力具有显著的线性相关性。这是由于随着水化反应的进行，充填体内部的饱和度逐渐降低，造成基质吸力增加；而且随着水化反应的进行，生成的水化产物充填了孔隙，使得孔径减小，这也对充填体单轴抗压强度增加起到促进作用。对于 72% 浓度组，由于其料浆浓度低，水化反应慢，导致其前期强度低，在养护初期基质吸力存在一个快速发展阶段，在基质吸力小于 40kPa 时，充填体尚不可以自立，可以认为充填体尚未固化，处于发展阶段。当排除尚未固结时期的充填体的基质吸力，即基质吸力大于 40kPa 时，72% 浓度组的线性相关方程和相关性系数 R^2 见表 6-2 中的 72%*组，其相关性系数 R^2 增加为 0.9088，相关性大大提高。同时对不考虑质量浓度影响的条件下的基质吸力与充填体的单轴抗压强度进行拟合分析，拟合结果如图 6-6 所示，拟合的 R^2 值为 0.984，两者之间存在一种较强的线性相关性，并且随着基质吸力的不断增长，充填体的单轴抗压强度也在不断地提高，拟合公式如式 (6-4) 所示。

$$UCS = 0.01152f_s - 0.19283 , \qquad R^2=0.984 \qquad (6\text{-}4)$$

式中，UCS 为单轴抗压强度，kPa；f_s 为基质吸力，kPa。

表 6-2 单轴抗压强度与基质吸力相关关系

料浆浓度/%	线性相关方程	相关性系数 R^2
78	$UCS = 0.012f_s - 0.2696$	0.9435
76	$UCS = 0.0093f_s - 0.0349$	0.9851
74	$UCS = 0.0078f_s - 0.0177$	0.9951
72	$UCS = 0.0093f_s - 0.0352$	0.7737
72*	$UCS = 0.0292f_s - 1.0334$	0.9088

* 基质吸力大于 40MPa 时的相关关系。

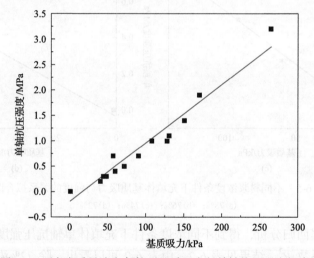

图 6-6　不考虑质量浓度条件下基质吸力与单轴抗压强度拟合图

6.1.3　不同灰砂比条件下基质吸力与强度的关系

不同灰砂比条件下基质吸力随养护时间的变化趋势与充填体单轴抗压强度随养护时间的变化规律相似度较高。充填体内部基质吸力的变化可以认为是宏观上充填体强度变化的另一种表现方式。图 6-7 显示了不同灰砂比条件下基质吸力与单轴抗压强度之间的关系，基质吸力的不断发展有利于促进充填体强度的发育，即同一灰砂比条件下，基质吸力随养护龄期的变化趋势与充填体的强度随养护龄期的变化趋势相同；而且不同灰砂比对基质吸力的影响规律与不同灰砂比条件下单轴抗压强度的演化规律相似度极高。相同条件下，基质吸力随灰砂比的降低而下降，同时充填体的单轴抗压强度也表现出随灰砂比的降低而减小的规律。基质吸力与充填体的强度同样具备力学特性，两者之间必定具备一种特殊的相关性，本节将用不同灰砂比条件下的基质吸力来表征充填体的强度。

通过用基质吸力来表征充填体的单轴抗压强度，得到图 6-8 所示的拟合结果。从该

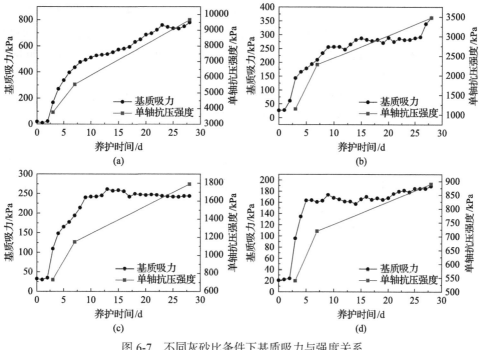

图 6-7 不同灰砂比条件下基质吸力与强度关系

(a)1:4;(b)1:8;(c)1:12;(d)1:16

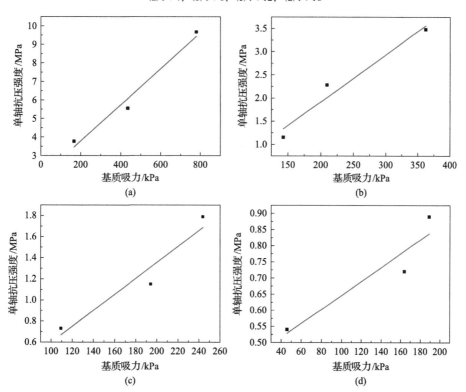

图 6-8 不同灰砂比条件下基质吸力与单轴抗压强度关系

(a)1:4;(b)1:8;(c)1:12;(d)1:16

图中可以看到，不同灰砂比条件下，基质吸力与充填体的单轴抗压强度之间具有较强的线性关系，即随着基质吸力的不断增大，充填体的单轴抗压强度也不断提高。通过对单轴抗压强度与基质吸力进行线性拟合，得到式(6-5)所示的一次函数关系式，同时得到表 6-3 所示的不同灰砂比条件下的基质吸力和充填体单轴抗压强度的拟合公式和相关系数。从表 6-3 中可以看到，灰砂比 1∶4～1∶16 对应的拟合公式的 R^2 值分别为 0.97670、0.95777、0.92920 和 0.88708，可以看出拟合效果较好，充填体的强度与基质吸力之间存在较强的线性关系。

$$\text{UCS} = mf_s + n \tag{6-5}$$

式中，UCS 为充填体的单轴抗压强度，MPa；f_s 为基质吸力，kPa；m 和 n 为拟合参数。

表 6-3 单轴抗压强度与基质吸力拟合结果

灰砂比	公式	相关性系数 R^2
1∶4	$\text{UCS} = 0.0097f_s + 1.845$	0.97670
1∶8	$\text{UCS} = 0.0101f_s - 0.116$	0.95777
1∶12	$\text{UCS} = 0.0076f_s - 0.157$	0.92920
1∶16	$\text{UCS} = 0.0022f_s + 0.430$	0.88708

根据表 6-3 所示的基质吸力表征单轴抗压强度的拟合曲线可以看到，基质吸力与单轴抗压强度均表现出随灰砂比增大而增大的规律，两者总体与随养护时间变化的趋势相同，可以认为单轴抗压强度与基质吸力之间的关系不受灰砂比的影响。所以对不考虑灰砂比影响时基质吸力与充填体强度之间的关系进行讨论，将所有灰砂比条件下的单轴抗压强度与对应的基质吸力进行拟合。拟合结果如图 6-9 所示。可以看到，单轴抗压强度与基质吸力的数据点基本紧密分布在拟合直线的两侧，拟合效果较好。拟合曲线对应的 R^2 值为 0.897，拟合效果良好。拟合结果得到式(6-6)：

$$\text{UCS} = 15127.15e^{0.00065f_s} - 15337.30 , \qquad R^2 = 0.897 \tag{6-6}$$

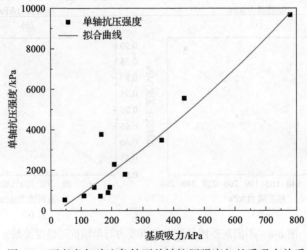

图 6-9 不考虑灰砂比条件下单轴抗压强度与基质吸力关系

6.1.4 无影响因素限制条件下基质吸力与强度关系

通过上述关于不同初始温度、不同料浆浓度、不同灰砂比条件下的基质吸力与充填体单轴抗压强度之间的关系分析和表征，发现基质吸力与单轴抗压强度之间存在一种较强的相关性，这种相关性在不受相应影响因素的限制下同样可以表现出较强的相关性。根据图 6-6 和图 6-9 所示的拟合结果可以推断，基质吸力与充填体的单轴抗压强度之间存在一种不受任何影响因素限制的固有属性关系。通过对不同影响因素条件下的基质吸力与充填体的单轴抗压强度的数据进行汇总，并进行统一的规律探究。由于不同初始温度条件下所用的实验材料及实验方法等与料浆浓度和灰砂比条件下的不同，而且初始温度作为一种环境变量，对于充填料固化过程的水化反应程度和自干燥行为均会产生影响，造成基质吸力的演化规律的影响也会出现相应的差异，对于不同料浆浓度和灰砂比条件下所用的实验材料以及实验方法十分相似，因此对两因素条件下的基质吸力与单轴抗压强度进行数据汇总，并探究不考虑相关影响因素的条件下两者的关系，对于料浆浓度条件下的养护时间为 1d 的充填体试块的单轴抗压强度为 0 的数据点进行剔除。最终得到图 6-10 所示的无因素限制条件下基质吸力与充填体单轴抗压强度之间的拟合图及式 (6-6) 所示的拟合函数。从图 6-10 中可以看到。基质吸力与单轴抗压强度之间存在一种正比关系，而且这种关系符合线性函数关系，拟合效果良好，可以认为单轴抗压强度随着基质吸力的增大而增大，也可以看出初始温度效应下的单轴抗压强度随着基质吸力的增大而增大，最终得出任何因素条件下充填体强度随着基质吸力增大而增大的结论。

$$\text{UCS} = 12.611 f_s - 454.715 , \quad R^2 = 0.91093 \tag{6-7}$$

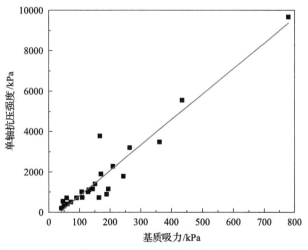

图 6-10　无因素限制条件下基质吸力与充填体强度的关系图

6.2 充填体强度与体积含水率的关系

6.2.1 不同初始温度条件下体积含水率与强度的关系

温度对于充填料浆内部水分的含量会产生较大的影响,高温会加速充填料浆的水化作用和蒸发作用,进而使消耗水的速率加快(Wang et al.,2016)。相反,低温会抑制充填料浆的水化作用和蒸发作用,进而影响充填体的强度。有必要对不同初始温度条件下的体积含水率与充填体单轴抗压强度之间的关系进行分析,并得到图6-11所示的关系曲线,从不同初始温度条件下体积含水率与单轴抗压强度之间的关系可以看出,两者之间存在一种较为密切的关系,即随着体积含水率的降低,充填体的单轴抗压强度不断增加。

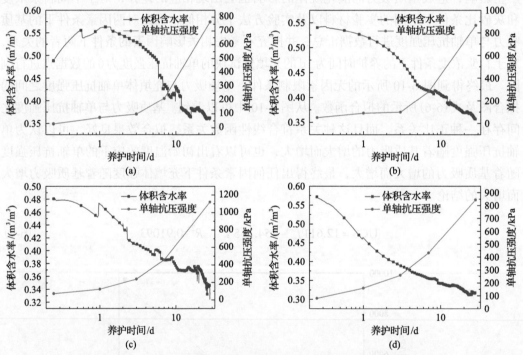

图 6-11 不同初始温度条件下体积含水率与单轴抗压强度关联分析

(a) 2℃; (b) 20℃; (c) 35℃; (d) 50℃

为了用相应的数学模型表征单轴抗压强度与体积含水率之间的关系,对不同初始温度条件下的体积含水率与单轴抗压强度进行分析拟合。由于养护时间不超过1d时,充填体试块不能自立且水化作用进行缓慢,数据不具代表性,最终得到图6-12所示的不同初始温度条件下充填体单轴抗压强度与体积含水率之间的表征模型。体积含水率与单轴抗压强度的拟合结果符合式(6-8)。可以看出,不同初始温度条件下的体积含水率与单轴抗压强度之间存在指数函数关系。不同初始温度条件下的拟合公式见表6-4。可以看出,不同初始温度条件下对应的拟合公式的 R^2 值均大于 0.97,说明体积含水率与单轴抗压强度之间存在着较强的相关性。

$$UCS = me^{nV} \qquad (6\text{-}8)$$

式中，UCS 为单轴抗压强度，kPa；V 为基质吸力，kPa；m 和 n 为拟合参数。

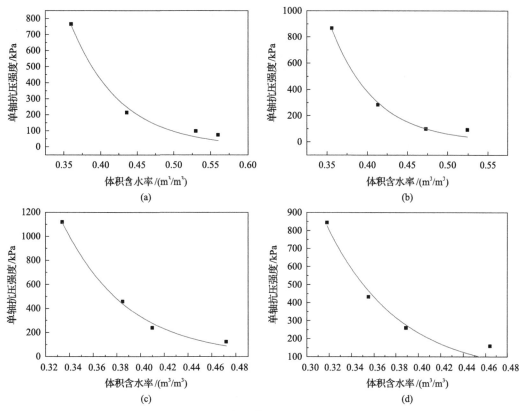

图 6-12 不同初始温度条件下体积含水率与单轴抗压强度拟合图
(a) 2℃；(b) 20℃；(c) 35℃；(d) 50℃

表 6-4 不同初始温度条件下体积含水率与单轴抗压强度拟合公式

初始温度/℃	公式	相关性系数 R^2
2	$UCS = 151367.97e^{-14.71V}$	0.98789
20	$UCS = 609838.03e^{-18.43V}$	0.99221
35	$UCS = 510237.48e^{-18.33V}$	0.99492
50	$UCS = 112225.59e^{-15.44V}$	0.97446

6.2.2 不同料浆浓度条件下体积含水率与强度关系

将四种料浆浓度的充填体随养护时间含水率的变化和充填体的单轴抗压强度的变化曲线作图，结果如图 6-13 所示。因为充填体养护第 0d 时，料浆中的含水率就是拌和水的量，不能反映含水率与单轴抗压强度的关系，因此不再关注开始第 0d 的数据，可以发现含水率与单轴抗压强度呈负相关关系。

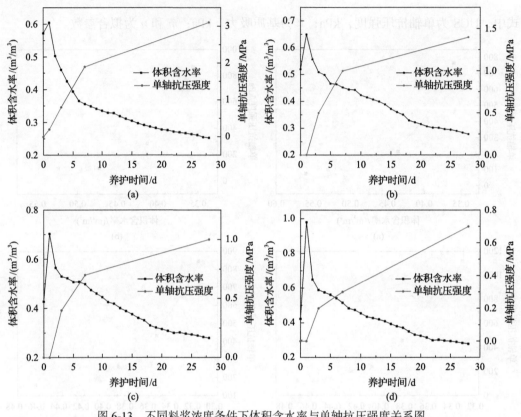

图 6-13　不同料浆浓度条件下体积含水率与单轴抗压强度关系图
(a) 78%；(b) 76%；(c) 74%；(d) 72%

现根据已有数据，分别以含水率和单轴抗压强度作为横、纵坐标，按不同料浆浓度进行分组作图，并对图中数据进行线性拟合，拟合结果如图 6-14 所示。拟合结果表明充填体的含水率与单轴抗压强度可以采用线性函数拟合，并且相关性较好，可以将线性拟合表示为式 (6-9)，并将各自得到的回归方程和相关性系数列入表 6-5 中。

$$UCS = aV + b \tag{6-9}$$

式中，UCS 为单轴抗压强度，MPa；V 为体积含水率，m^3/m^3；a 和 b 为拟合参数。

通过实验数据回归分析，得到不同浓度下充填体单轴抗压强度和体积含水率的拟合关系及相关性系数 R^2，结果见表 6-5。由表 6-5 可以看出，除 72%浓度组以外，其余三组的相关性系数 R^2 均大于 0.93，说明其单轴抗压强度与体积含水率具有显著的线性相关性。这是由于随着养护时间的延长，充填体内所含水分一部分因为蒸发作用散失，另一部分因为水化作用消耗，而蒸发的水是均匀散失的，而且只占消耗水的一小部分，所以造成含水率变化差别的主要原因是水化作用消耗的水；由前文分析可知，在养护第 1d

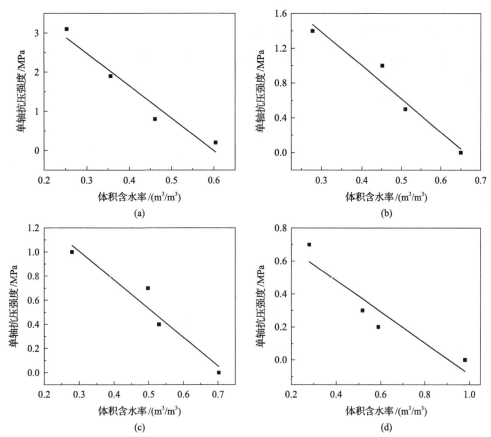

图 6-14 不同质量浓度条件下体积含水率与单轴抗压强度拟合关系图

(a) 78%; (b) 76%; (c) 74%; (d) 72%

表 6-5 单轴抗压强度与体积含水率的相关关系

料浆浓度/%	线性相关方程	相关性系数 R^2
78	$UCS = -8.3V + 4.9724$	0.9499
76	$UCS = -3.8548V + 2.5455$	0.9524
74	$UCS = -2.3764V + 1.7191$	0.9339
72	$UCS = -0.9499V + 0.8613$	0.8802
72*	$UCS = -1.6357V + 1.1546$	0.9986

*除去第 1d 后的拟合数据。

时，72%浓度组的充填体完全未凝结，因此其含水率主要影响因素是蒸发作用和料浆拌和水的量，水化反应对水的消耗影响极小，因此除去第 1d 时 72%浓度组的数据，再进行拟合，得到结果见表 6-5 的 72%*组，其相关性系数 R^2 变为 0.9986，相关性极强，与其余三组一致；基质吸力与单轴抗压强度、含水率与单轴抗压强度都极其相关。

6.2.3 不同灰砂比条件下体积含水率与强度关系

前文中已经发现体积含水率与基质吸力之间存在较强的线性关系，同时证明了基质吸力与单轴抗压强度之间也存在较强的线性关系。根据上述关系之间的传递性，可以推断体积含水率与单轴抗压强度存在一定的关系。事实上，如图 6-15 所示，体积含水率与单轴抗压强度之间存在一定的反比关系。水化反应不断对自由水进行消耗，使体积含水率随着养护时间的不断延长而下降，最终生成越来越多的水化产物，这些水化产物不断对充填体的孔隙进行填充，使充填体的单轴抗压强度不断增加，这说明体积含水率下降对单轴抗压强度的增长起到积极作用。体积含水率的不断下降促使基质吸力不断提高，基质吸力的提高意味着充填体的单轴抗压强度也同样会提高，这也说明体积含水率与充填体的单轴抗压强度之间存在较强的相关性。体积含水率作为充填体多场性能在水力方面的表现，必定会对强度的发展做出较大的贡献。

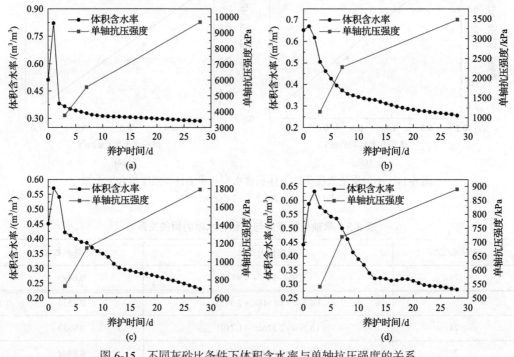

图 6-15 不同灰砂比条件下体积含水率与单轴抗压强度的关系
(a) 1∶4; (b) 1∶8; (c) 1∶12; (d) 1∶16

通过对不同灰砂比条件下养护 3d、7d、28d 的体积含水率与充填体的单轴抗压强度进行拟合分析，发现两者之间满足式(6-10)所示的方程。同时得到图 6-16 和表 6-6 所示的拟合结果。从图 6-16 可以看到，充填体的单轴抗压强度随着体积含水率的下降而增大，两者之间存在较强的线性关系。从表 6-6 也可以看到，单轴抗压强度表达式的斜率均小于 0，说明单轴抗压强度与体积含水率之间存在反比关系。而且灰砂比 1∶4~1∶16对应的拟合公式的 R^2 值分别为 0.96198、0.99729、0.94741、0.92097，相关性系数 R^2 值均在 0.9 以上，拟合效果很好，说明单轴抗压强度与体积含水率之间的线性关系很强。

$$UCS = mV + n \tag{6-10}$$

式中，UCS 为充填体的单轴抗压强度；V 为体积含水率；m 和 n 为拟合参数。

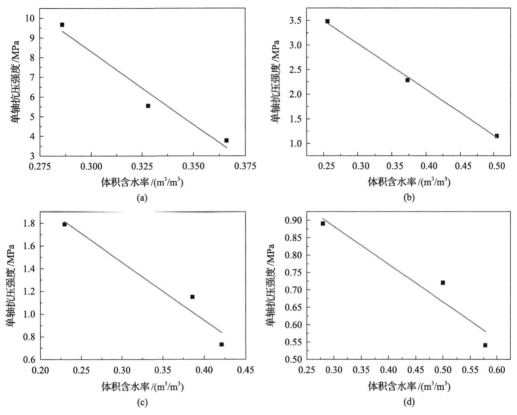

图 6-16　不同灰砂比条件下单轴抗压强度与体积含水率拟合

表 6-6　不同灰砂比条件下单轴抗压强度与体积含水率拟合结果

灰砂比	公式	相关性系数 R^2
1∶4	$UCS = -74.176V + 30.561$	0.96198
1∶8	$UCS = -9.340V + 5.834$	0.99729
1∶12	$UCS = -5.190V + 2.990$	0.94741
1∶16	$UCS = -1.087V + 1.209$	0.92097

6.3　充填体强度与电导率的关系

6.3.1　不同初始温度条件下电导率与强度的关系

电导率与充填料的水化反应速率密切相关，水化反应对充填料中阴阳离子的消耗速度显示了电导率的变化，进而影响充填体强度的发展。不同初始温度会影响水泥颗粒中的物质在水中的水解电离程度。一般来说，温度较高时，有助于离子的生成，同时温度也会影响充填料水化反应速率；温度较高时，水化作用较为强烈，这也就会加速充填料中离子的消耗，同时也会促进充填体强度的快速发展。所以，为了探究不同初始温度条件下单轴抗压强度与电导率的关系，得到图 6-17 所示的电导率与单轴抗压强度随养护时间的关联分析。可以看到，单轴抗压强度与电导率之间存在一种负相关关系，即充填体强度越高，电导率越低。同时，两者均在养护的早期发展缓慢，在养护的后期快速变化。

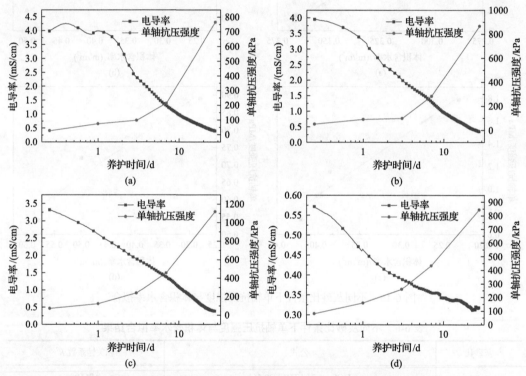

图 6-17 不同初始温度条件下单轴抗压强度与电导率的关联分析
(a) 2℃；(b) 20℃；(c) 35℃；(d) 50℃

为了进一步探究单轴抗压强度与电导率之间的数学表征关系，对两者进行数学模型的建立，对于一些养护早期的电导率还处在上升阶段的数据进行剔除，因为此时的充填料水化反应进展缓慢且充填体不具备自立的能力，数据不具代表性，最终通过分析得到图 6-18 所示的不同初始温度条件下单轴抗压强度与电导率之间的拟合曲线，以及表 6-7 所示的拟合公式。发现不同初始温度条件下单轴抗压强度与电导率之间符合公式 (6-11) 所示的数学模型。从图 6-18 可以看到拟合曲线效果很好，从表 6-7 中也可以看到，不同初始温度条件下的单轴抗压强度与电导率之间的拟合公式对应的 R^2 值均大于 0.97，说明不同初始温度条件下充填体强度与电导率之间有极强的相关性。同时，初始温度为 20℃和 35℃两种条件下拟合公式的 R^2 值均大于 0.99,且高于 2℃和 50℃,这是因为温度过高和过低都会抑制离子的运移,不利于离子的消耗。

$$UCS = ae^{bE} \tag{6-11}$$

式中,UCS 为单轴抗压强度,kPa;E 为电导率,mS/cm;a 和 b 为拟合参数。

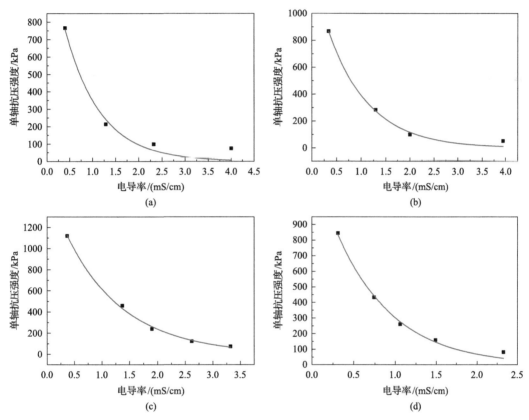

图 6-18 不同初始温度条件下单轴抗压强度与电导率拟合关系图

(a) 2℃;(b) 20℃;(c) 35℃;(d) 50℃

表 6-7 不同初始温度条件下单轴抗压强度与电导率拟合公式

初始温度/℃	公式	相关性系数 R^2
2	$UCS = 1274.16e^{-1.29E}$	0.97908
20	$UCS = 1308.05e^{-1.21E}$	0.99519
35	$UCS = 1597.70e^{-0.95E}$	0.99828
50	$UCS = 1323.62e^{-1.48E}$	0.97446

6.3.2 不同料浆浓度条件下电导率与强度的关系

绘制 4 种浓度下充填料电导率和单轴抗压强度随养护时间的变化曲线,如图 6-19 所示。在充填料养护 1d 内，电导率变化主要受料浆浓度影响，因此在对电导率与强度关系进行分析时，应重点关注养护一定龄期之后(大于 1d)两者的变化。由图 6-19 可以看出，四种料浆浓度下的充填料随着养护时间的增加，电导率先增后减，单轴抗压强度呈持续增长的趋势，可以认为两者呈负相关关系。

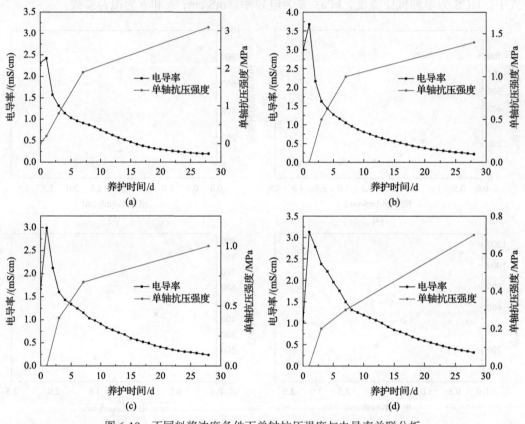

图 6-19 不同料浆浓度条件下单轴抗压强度与电导率关联分析
(a) 78%； (b) 76%； (c) 74%； (d) 72%

现根据已有数据，分别以含水率和单轴抗压强度作为横、纵坐标，按不同料浆浓度进行分组作图，并对图中数据进行线性拟合，结果如图 6-20 所示。拟合结果表明，充填体的电导率与单轴抗压强度呈线性关系，并且拟合度较高，可以将线性拟合表示为式(6-12)，并将各自得到的回归方程和相关性系数列入表 6-8 中。

$$UCS = aE + b \tag{6-12}$$

式中，UCS 为单轴抗压强度，MPa；E 为电导率，mS/cm；a 和 b 为拟合常数。

由表 6-8 可知，不同料浆浓度相关性系数均在 0.9 以上，表明充填体的电导率与单轴抗压强度的相关性较好。电导率主要与水化反应产生的离子联盟浓度及充填体的孔隙率有关，虽然料浆浓度增加会导致水化反应的离子浓度增加，但是也造成了孔隙率的降低，孔径减小，离子的自由移动通道减少，影响了电导率的变化。

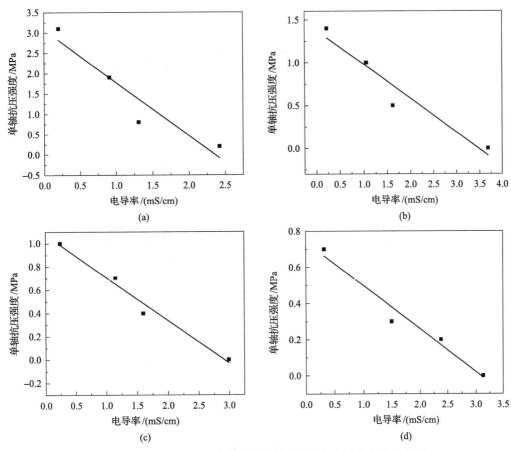

图 6-20 不同质量浓度条件下单轴抗压强度与电导率拟合关系图

(a) 78%；(b) 76%；(c) 74%；(d) 72%

表 6-8 不同质量浓度条件下单轴抗压强度与电导率拟合公式

料浆浓度/%	线性相关方程	相关性系数 R^2
78	$UCS = -1.3067E + 3.0821$	0.9017
76	$UCS = -0.3967E + 1.3781$	0.9318
74	$UCS = -0.3692E + 1.0769$	0.9807
72	$UCS = -0.2394E + 0.7387$	0.966

6.3.3 不同灰砂比条件下电导率与强度的关系

电导率与充填体的水化反应密切相关，电导率是水化反应程度的一种表现。图 6-21 显示了电导率与单轴抗压强度之间存在一种反比关系。随着水化反应的不断进行，对充填料中游离的金属和非金属离子进行消耗，使充填体内部的电导率不断下降。水化反应的进行会生成大量的水化产物，水化产物会将充填体的内部孔隙进行填充，使充填体的单轴抗压强度不断提高。以上论述说明充填体的单轴抗压强度与电导率之间必定存在一定的关联性。

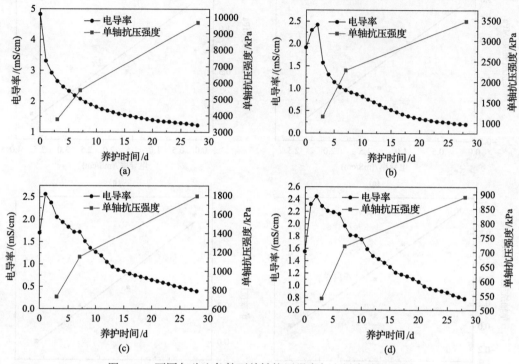

图 6-21　不同灰砂比条件下单轴抗压强度与电导率关联分析
(a)1∶4；(b)1∶8；(c)1∶12；(d)1∶16

通过对不同灰砂比条件下充填体养护 3d、7d、28d 的单轴抗压强度与电导率进行拟合分析，得到式(6-13)所示的线性方程，同时得到如表 6-9 和图 6-22 所示的拟合结果。通过用电导率来表征充填体的单轴抗压强度，发现充填体的单轴抗压强度与电导率之间存在显著的线性关系，而且随着电导率的不断下降，充填体的单轴抗压强度不断提高，拟合结果见表 6-9，可以看到，不同灰砂比对应的拟合公式的斜率均小于 0，说明充填体的单轴抗压强度与电导率之间存在反比关系。灰砂比 1∶4～1∶16 对应的拟合结果的相关系数分别为 0.98826、0.99791、0.95481、0.89119，拟合效果较好，相关性较强。

$$UCS = mE + n \qquad (6\text{-}13)$$

式中，UCS 为充填体的单轴抗压强度，MPa；E 为电导率，mS/cm；m 和 n 为拟合参数。

表 6-9　不同灰砂比条件下单轴抗压强度与电导率拟合结果

灰砂比	公式	相关性系数 R^2
1∶4	$UCS = -4.179E + 14.619$	0.98826
1∶8	$UCS = -1.696E + 3.847$	0.99791
1∶12	$UCS = -0.597E + 2.054$	0.95481
1∶16	$UCS = -0.209E + 1.069$	0.89119

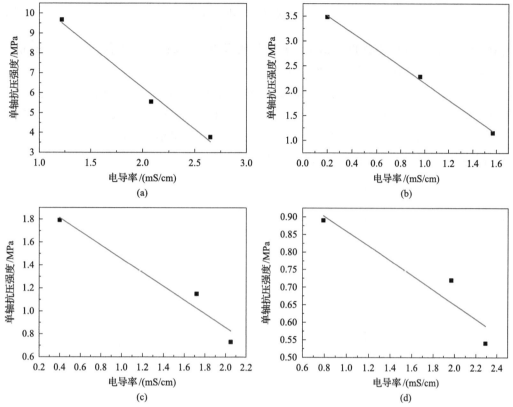

图 6-22　不同灰砂比条件下单轴抗压强度与电导率拟合关系图
(a) 1:4；(b) 1:8；(c) 1:12；(d) 1:16

6.4　多场性能对充填体强度的协同表征

6.4.1　不同初始温度条件下充填体强度的协同表征

对于充填体，最关心的特性便是充填体的强度，而工程实际的采场中由于条件限制无法对充填体的强度进行实时测量，只能通过实验室对特定龄期的充填体试块进行单轴抗压测试来估计采场中充填体的强度。因此，急需找到一种行之有效的简单方法对采场中的充填体强度进行测试。

通过不同初始温度条件下充填体强度多场性能关联机制可以看出，多场性能是充填料固化过程中一个相互作用的完整体系，并不是单一性能对充填体强度做出贡献，而是协同作用的结果，所以有必要建立不同初始温度条件下充填体强度与多场性能协同表征模型。因此，以充填体单轴抗压强度为因变量，养护时间、基质吸力、体积含水率和电导率为自变量进行多元线性回归分析，得到了如式(6-14)所示的充填体强度协同表征模型。其中，$A_1=20.093\text{kPa/d}$，$A_2=1.132$，$A_3=392.743\text{kPa}$，$A_4=59.839\text{kPa}\cdot\text{cm/mS}$，$A_5=22.542$。

$$\text{UCS} = A_1 t + A_2 f_s - A_3 V + A_4 E - A_5 \tag{6-14}$$

式中，UCS 为单轴抗压强度，kPa；f_s 为基质吸力，kPa；V 为体积含水率，m³/m³；E 为电导率，mS/cm；t 为养护时间，d。

从图 6-23 可以看到，不同初始温度条件下充填体单轴抗压强度的实验值与预测值之间存在较强的正比例关系，数据点均匀分布在 1∶1 直线的周围，说明上述式(6-14)的拟合效果良好，同时式(6-14)回归方程的 R^2 值为 0.97，同样证明了该线性回归方程对不同初始温度条件下的单轴抗压强度良好的预测能力。

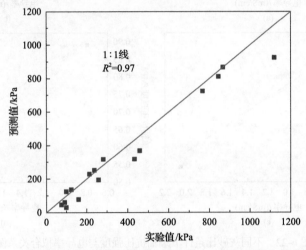

图 6-23   不同初始温度条件下单轴抗压强度实验值与预测值的对比分析

6.4.2   不同料浆浓度条件下充填体强度的协同表征

由前文研究可知，充填体的基质吸力、体积含水率、电导率都与单轴抗压强度相关，因此对不同浓度的多场性能与单轴抗压强度进行拟合，得到拟合结果如式(6-15)所示。其中，A_1=0.171kPa/d，A_2=1793.176kPa，A_3=12.828，A_4=1579.974，A_5=245.425kPa·cm/mS，A_6=1372.780kPa。

$$\text{UCS} = -A_1 t - A_2 C + A_3 f_s - A_4 V + A_5 E + A_6 \tag{6-15}$$

式中，UCS 为单轴抗压强度，kPa；t 为养护时间，d；f_s 为基质吸力，kPa；V 为体积含水率，m³/m³；E 为电导率，mS/cm；C 为质量浓度，%。

将式(6-15)计算得到的实验值和预测值分别为横纵坐标绘图，结果如图 6-24 所示。可以看出，实际值和预测值的相差不大，大部分的实验值紧密分布在 1∶1 的直线周围，而且从图中还可以看到上述式(6-15)所示多元线性回归方程拟合的 R^2 值为 0.966，同样证明了回归方程对不同质量浓度条件下充填体强度较强的预测能力。

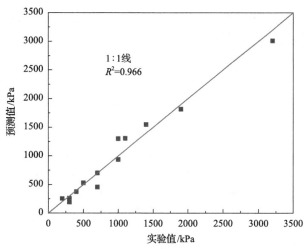

图 6-24　不同质量浓度条件下协同表征模型的预测值与实际值关系图

6.4.3　不同灰砂比条件下充填体强度的协同表征

为了建立充填体的协同表征模型,以不同灰砂比条件下基质吸力、体积含水率、灰砂比、电导率和养护时间等为自变量,充填体的单轴抗压强度为因变量进行多元线性回归拟合,得到了式(6-16)所示的拟合公式。该多场性能协同表征模型拟合公式的 R^2 值为 0.97346,拟合效果良好。可以用来表征充填体的强度。其中,A_1=35.29kPa/d,A_2=15808.16kPa,A_3=2918.69kPa,A_4=8.91,A_5=190.52kPa·cm/mS,A_6=3500.15kPa。

$$UCS = A_1 t + A_2 r + A_3 V + A_4 f_s + A_5 E - A_6 \tag{6-16}$$

式中,UCS 为充填体的单轴抗压强度,kPa;t 为养护时间,d;r 为灰砂比;V 为体积含水率,m³/m³;f_s 为基质吸力,kPa;E 为电导率,mS/cm。

图 6-25 显示了充填体单轴抗压强度的实验值与预测值之间的对比图。可以看到,数据点均匀紧密地分布在 1∶1 直线的附近,从式(6-16)的多元线性回归方程拟合的 R^2 值

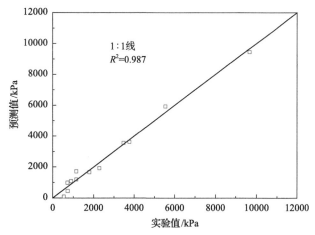

图 6-25　不同灰砂比条件下预测值与实验值对比分析

为 0.987 也可以证明回归方程拟合的可靠性，说明式(6-16)所示的不同灰砂比条件下充填体的单轴抗压强度协同表征模型的可信度很高。

参 考 文 献

毕成. 2020. 膏体固化过程多场性能响应机制及协同表征[D]. 北京: 北京科技大学.

毕成, 王勇, 杨钢锋. 2021. 基于基质吸力演化的膏体凝结性能划分方法[J]. 矿业研究与开发, 41(6): 53-56.

王勇. 2017. 初温效应下膏体多场性能关联机制及力学特性[D]. 北京: 北京科技大学.

Wu A X, Wang Y, Zhou B, et al. 2016. Effect of initial backfill temperature on the deformation behavior of early age cemented paste backfill that contains sodium silicate[J]. Advances in Materials Science and Engineering, 2016: 1-10.

Wang Y, Fall M, Wu A X. 2016. Initial temperature-dependence of strength development and self-desiccation in cemented paste backfill that contains sodium silicate[J]. Cement and Concrete Composites, 67: 101-110.

Wang Y, Wu A X, Wang S Y, et al. 2017. Correlative mechanism of hydraulic-mechanical property in cemented paste backfill[J]. Journal of Wuhan University of Technology-Materials Science Edition, 32(3): 579-585.

第7章

充填固化过程热-水-力-化耦合固结模型

为了稳固围岩、减少地下采空区以及最大限度地提高矿石回收率，充填技术已在全球许多矿山得到广泛应用(Fall and Samb, 2009; Helinski et al., 2010a, 2010b; Pokharel and Fall, 2010; Fall and Nasir, 2010; Seabimoghaddam, 2010; Li, 2013; Ghirian and Fall, 2013a, 2013b; Ghirian and Fall, 2014; Cui and Fall, 2015a, 2015b, 2015c)。充填体作为地下矿山工人作业和矿柱回收的主要支撑工具(Libos et al., 2021a, 2021b; Orejarena and Fall, 2010; Hustrulid and Bullock, 2001)，其力学性能和力学行为被认为是工程实践中最重要的设计标准之一。充填体的固化行为在充填体的结构设计和安全评估中具有重要意义，因为它对充填体中有效应力的发展和分布、施加在充填挡墙上的应力及其稳定性，以及充填体的抗侵蚀能力等具有重大影响(Belem et al., 2002; Fall et al., 2007; Helinski, 2008; Helinski et al., 2010a, 2010b; Jamali, 2013; Ghirian and Fall, 2014; Libos et al., 2021a, 2021b)。

在将充填料置于地下采空区之后，在充填体中出现了强相互作用的多场耦合过程，包括温度场(T)、渗流场(H)、应力场(M)和化学场(C)等多物理场耦合(THMC)过程。这些物理场及其耦合作用控制着充填体力学性质和行为的演变(Ghirian and Fall, 2013a, 2013b; Fall and Ghirian, 2014; Ghirian and Fall, 2014; Cui and Fall, 2015a, 2015b, 2015c; Ghirian and Fall, 2015; Cui and Fall, 2018; Fang et al., 2021)。例如，由于在充填料混合物中添加了水泥等胶结剂，在与水和尾砂等混合后，胶结剂的水化反应立即开始。随着胶结剂水化反应的进行，孔隙水逐渐消耗并转化为水化产物组分。由于自干燥行为的影响，即物理吸收和化学结合(水化作用)所消耗的水的体积小于相同质量的毛细水，这就是充填体发生化学收缩的原因。充填体毛细水的损失会导致孔隙水压力降低(Wang and Fall, 2014)。孔隙水压力的消散将直接影响作用在充填体骨架上的有效应力(McLean and Cui, 2021)。此外，胶结剂水化反应放热会导致充填体内部温度变化，同时温度梯度也会导致充填体发生热变形(热膨胀或收缩)。除化学收缩和热变形之外，由动态充填过程引起的自重压力也会影响充填体变形行为和性能。因此，充填体的固化行为与热-水-力-化耦合过程密切相关。

为了评估和更好地理解充填固化行为，过去几年进行了大量的室内实验。例如，已经针对充填体试块开展了传统的标准固化仪实验、振动循环三轴实验和饱和导水率测试实验等，并且针对充填体的固化过程开展外加应力测试实验(Le Roux, 2004; Benzaazoua et al., 2006; Pokharel and Fall, 2013; Yilmaz et al., 2015)。从之前的实验观察或研究中可以得出结论：在充填体固化过程中发现了与材料特性(如渗透系数和压缩系数)相关的非线性和实质性固化变化。这些研究有助于更好地理解充填体的固化行为和特征，并强调了上述多场耦合过程在充填体固化行为中的关联性。上述研究还表明，由于充填体的演化性质和支配其力学行为的多物理过程，充填体的固化行为不能通过使用基于传统土力学固化理论的固化模型来正确描述或表征，如太沙基的一维固化理论及其扩展或 Biot 三维固化理论及其扩展。例如，由于太沙基理论的局限性，即太沙基固化模型的假设包括恒定的总应力、饱和条件、恒定的材料特性(如渗透系数和压缩系数)和小应变，该理论正是基于这些假设而发展起来的。太沙基固化模型被认为不适用于评估充填体材料的固化特性。然而，在撰写本书时，只有少数关于建模的研究(Helinski et al.，2007；Wood and Doherty，2014)用来开发能够表征和描述充填体固化行为的数学或数值模型。例如，基于饱和条件不改变充填体质量的假设，即饱和度等于 1，这是一种过于简化的说法，因为充填体在大多数时候是一种不饱和状态，Wood 和 Doherty(2014)开发了一个一维的水-力-化耦合模型，该模型是基于一个带有时变源项的简单扩散方程。Helinski 等在 Seneviratne 等(1996)提出的大应变固化模型的基础上，将其应用于未胶结尾砂，提出了预测充填体固化行为的一维水-力-化耦合模型。然后 Helinski 等(2010b)将该一维模型扩展为二维耦合模型，并考虑平面应变或轴对称条件来分析固化过程。尽管这些研究在模拟充填体固化行为方面取得了巨大进展，但目前还没有将采场充填体所受的主要多物理过程(THMC)及其耦合考虑在内的充填体固化模型。评估这种充填体结构的固化特性，并在施工前比较几种可能的充填体设计方案，需要一个可靠的多物理场固化模型或计算工具，其中包含了材料层面上各种耦合过程的知识。继续针对充填体固化过程的多场耦合进行研究，以开发一个三维多物理模型来描述和预测充填固化行为。

7.1 建 模 方 法

开发物理现象或过程的数学模型的基本思想是利用基于各种假设的适当公理或定律，这些假设支配着这些物理过程如何工作(Reddy，2006)。为了建立描述充填体固化特性的多物理模型，本研究采用以下假设：

(1)假定尾矿颗粒是不可压缩的，而多孔充填材料是可变形的。

(2)压缩应力和压缩应变被认为是负值。

(3)充填体组分的渗流是由达西定律驱动的。

(4)充填材料在某一时刻的多相态服从局部热力学平衡，即局部相态处于同一温度。

为了描述充填体的固化特性，本研究采用孔隙空间连续性方程。孔隙连续性要求与充填体固体骨架和固相相关的孔隙变化必须等于孔隙水和孔隙空气的总体积变化。充填体的体积变化(即固化过程)以热-水-力-化多物理场耦合过程为主(图 7-1)，这意味着需要应用质量、能量和动量守恒定律。

此外，建立控制方程需要本构关系。对于传热过程，传热包括热传导、热对流和胶结剂水化反应放出的热量。因此，需要应用傅里叶定律、流体达西定律和热源项，热源项是从胶结剂水化作用释放的热量的时间变化率中导出的。水力过程由达西定律和保水曲线(water retention curve，WRC)获得，推导出力学过程的应力-应变关系。重要的是，应在应变分析中纳入胶结剂水化作用引起的体积变化(即化学收缩)及充填体内部温度梯度引起的热膨胀或收缩因素。此外，对于养护龄期极早的充填体，充填体结构的刚度相对较小，在动态的充填过程中会出现收缩塑性体积应变。因此，需要将部分盖层屈服面与剪切破坏面结合，以保证早期收缩塑性体积应变的发生。此外，双屈服面应在应力空间具有化学和应变诱导的软化/硬化行为。对于化学过程，应量化胶结剂的水化速率。为了求解本构关系，相应本构关系中的材料特性应该根据可测量的参数来确定。基于上述模型开发方法，7.2 节将给出多物理模型的相应公式。

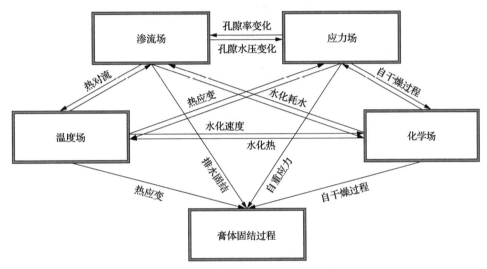

图 7-1 充填体固化过程多场性能演化及其耦合示意图

7.2 多物理场模型的建立

7.2.1 孔隙连续性

充填料可被视为多相(即固、液、气)多孔介质。正如在建模方法部分提到的，固化过程是由充填体中强相互作用的多物理场耦合(THMC)过程主导的。为了定量评价充填体的体积变化，本研究采用孔隙空间的连续性，即充填体固体骨架和固相相关的孔隙空间变化必须等于孔隙水和孔隙空气的总体积变化：

$$\underbrace{\left(-\mathrm{d}V_{\mathrm{ch\_s}} + \mathrm{d}V_{\mathrm{m}} + \mathrm{d}V_{\mathrm{Ts}}\right)}_{A_1} = \underbrace{\left(-\mathrm{d}V_{\mathrm{ch\_w}} + \mathrm{d}V_{\mathrm{Tw}} + \mathrm{d}V_{\mathrm{sp}} + \mathrm{d}V_{\mathrm{Pw}}\right)}_{A_2} + \underbrace{\mathrm{d}V_{\mathrm{a}}}_{A_3} \quad (7\text{-}1)$$

式中，A_1、A_2 和 A_3 分别代表充填体固相骨架、孔隙水和孔隙空气的体积变化。对充填体固相骨架体积变化 A_1，$V_{\mathrm{ch\_s}}$、V_{m} 和 V_{Ts} 分别表示由水化产物的细化、有效应力的变化和热膨胀引起的体积变化，并且 $V_{\text{ch\_s}}$ 之前的负号表示固相体积增加，相当于孔隙空间的减少。需要强调的是，A_1 不仅显示了充填体固体骨架的体积变化(即 $\mathrm{d}V_m+\mathrm{d}V_{Ts}$)，还考虑了胶结剂水化作用引起的固相体积变化(即 $\mathrm{d}V_{\text{ch\_s}}$)。因此，$A_1$ 可以完全代表固体骨架和固相演化引起的孔隙变化。对于孔隙水的体积变化 A_2，$V_{\text{ch\_w}}$、V_{Tw}、V_{sp} 和 V_{Pw} 分别表示由胶结剂水化、孔隙水热膨胀耗水、渗流和孔隙水压力诱导压缩的演变引起的孔隙水体积变化；对于孔隙空气的体积变化 A_3，V_a 表示孔隙空气的体积变化，其可以通过理想气体的状态方程及孔隙空气质量平衡方程来评估。

1. 化学过程：胶结剂水化引起的体积变化

如前所述，胶结剂水化作用在充填体固化多场耦合过程中起着重要作用。因此，有必要通过定义胶凝材料的水化程度，定量地确定胶凝材料水化程度。根据之前对充填体的研究(Wu et al., 2012; Cui and Fall, 2015a, 2015b, 2015c)，Schindler 和 Folliard (2003) 提出的一个指数函数已成功地应用于预测充填体的胶结剂水化程度：

$$\xi(t_{\text{e}}) = \xi_u \exp\left[-\left(\frac{\tau}{t_{\text{e}}}\right)^{\beta}\right]$$

$$\begin{cases} \xi_{\text{u}} = \dfrac{1.031w/c}{0.194+w/c}+0.5X_{\text{FA}}+0.30X_{\text{slag}} \\ t_{\text{e}} = \int_0^t \exp\left[\dfrac{E_{\text{a}}}{R}\left(\dfrac{1}{T_{\text{r}}}-\dfrac{1}{T}\right)\right]\mathrm{d}t \end{cases} \tag{7-2}$$

式中，ξ_u 为最终水化程度；τ 和 t_e 分别为水化时间参数和等效龄期，h；β 为无量纲水化形状参数；T_r 为参考温度；R 为理想气体常数，8.314J/(mol·K)；w/c 为水灰比；X_{FA} 和 X_{slag} 分别为粉煤灰和高炉炉渣相对于胶结剂总质量的质量分数；E_a 为表观活化能，J/mol，其表征公式为(Hansen and Pedersen, 1977)

$$E_{\text{a}}(T) = \begin{cases} 33500+1470\times(293.15-T), & T<293.15\text{K} \\ 33500, & T \geqslant 293.15\text{K} \end{cases} \tag{7-3}$$

式中，T 为绝对温度。

根据 Powers 和 Brownyard (1947) 的模型，胶结剂水化引起的固相体积变化 $V_{\text{ch\_s}}$ 和毛细水相体积变化 $V_{\text{ch\_w}}$ 可推导为

$$\mathrm{d}V_{\text{ch\_s}} = V\alpha_{\text{ch\_s}}\mathrm{d}\xi = V\frac{(v_{\text{n}}+v_{\text{ab-w}})R_{\text{n-w/hc}}}{(w/c)v_{\text{w}}+v_{\text{c}}+(1/C_{\text{m}}-1)v_{\text{tailings}}}\mathrm{d}\xi \tag{7-4}$$

$$\mathrm{d}V_{\text{ch\_w}} = V\alpha_{\text{ch\_w}}\mathrm{d}\xi = V\frac{2v_{\text{w}}R_{\text{n-w/hc}}}{(w/c)v_{\text{w}}+v_{\text{c}}+(1/C_{\text{m}}-1)v_{\text{tailings}}}\mathrm{d}\xi \tag{7-5}$$

式中，w/c 和 C_m 分别为水灰比和胶结剂含量；v_w、v_n、$v_{\text{ab-w}}$、v_c 和 v_{tailings} 分别为孔隙水、

化学结合水、物理吸附水、水泥和尾砂的比容(即密度的倒数);$R_{n\text{-}w/hc}$ 为化学结合水 $m_{n\text{-}w}$ 与水化水泥 m_{hc} 的质量比。在 Powers 和 Brownyard(1947)研究的基础上,实验证明 $R_{n\text{-}w/hc}$ 仅与水泥组成有关,可以表示为

$$R_{n\text{-}w/hc} = m_{n\text{-}w}/m_{hc} = 0.187 x_{C_3S} + 0.158 x_{C_2S} + 0.665 x_{C_3A} + 0.2130 x_{C_4AF} \qquad (7\text{-}6)$$

式中,x 是熔炉炉渣的质量分数,%。

2. 传热过程:由热变形引起的体积变化

由胶结剂水化作用放热和外部热传递(如充填体和围岩之间的热传递)引起的温度梯度通过热变形(即热膨胀或收缩)导致充填体体积变化。应该注意的是局部热平衡的假设,即 $T_s = T_w = T_a = T$。因此,充填体固相和液相的体积变化可以表示如下:

$$dV_{Ts} = V \alpha_{Ts} dT \boldsymbol{I} \qquad (7\text{-}7)$$

$$dV_{Tw} = \frac{e}{1+e} SV \alpha_{Tw} dT \boldsymbol{I} \qquad (7\text{-}8)$$

式中,e 为孔隙比;$\boldsymbol{I}$ 为二阶体积单位张量;α_{Ts} 和 α_{Tw} 为充填体固相与液相的热膨胀系数(thermal expansion coefficient,CTE)。充填体热膨胀系数 α_T 一般可定义为

$$\alpha_T = \frac{1}{V}\frac{\partial V}{\partial T} = \frac{1}{\frac{1}{\rho}}\frac{\partial\left(\frac{1}{\rho}\right)}{\partial T} = -\frac{1}{\rho}\frac{\partial\rho}{\partial T} \qquad (7\text{-}9)$$

基于之前关于充填体的研究(Cui and Fall,2015a,2015b,2015c),充填体固相的热膨胀系数可以从 Powers 和 Brownyard(1947)、Neville 和 Brooks(1987)的模型推导出来。

$$\alpha_{Ts} = \alpha_p - \frac{2v_{tailings}(1/C_m - 1)(\alpha_p - \alpha_{tailings})}{\left[(w/c)v_w + v_c\right]\left\{1 + \left[L_1 \cdot (1-\phi_{hydr})^{L_2}\right]/E_{tailings}\right\} + 2v_{tailings}(1/C_m - 1)}$$

$$\begin{cases} \alpha_p = \dfrac{A_1\alpha_{uc}v_c(1-\xi) + A_2\alpha_{hp}\left[v_c + R_{n\text{-}w/hc}(v_n + v_{ab\text{-}w})\right]\xi}{(w/c)v_w + v_c + (1/C_m - 1)v_{tailings}} \\[4mm] \phi_{hydr} = \dfrac{(w/c)v_w - (v_n + v_{ab\text{-}w})R_{n\text{-}w/hc}\xi}{(w/c)v_w + v_c + (1/C_m - 1)v_{tailings}} \end{cases} \qquad (7\text{-}10)$$

式中,$\alpha_{tailings}$ 为尾砂的热膨胀系数;$E_{tailings}$ 为尾砂的弹性模量;ϕ_{hydr} 为胶结水化引起的孔隙率变化;α_p 为水泥浆的热膨胀系数;α_{uc} 为未水化水泥的热膨胀系数;α_{hp} 为水化产物的热膨胀系数;L_1 和 L_2 分别为水泥浆的弹性模量的拟合参数。

根据热膨胀系数的定义,即式(7-9),毛细水的热膨胀系数可表示为

$$\alpha_{Tw} = -\frac{1}{\rho_w}\frac{\partial \rho_w}{\partial T} \tag{7-11}$$

毛细水的密度 ρ_w 同时受温度和压力的影响,可用以下公式预测毛细水密度随温度和压力(Gawin et al., 1999)的变化。

$$\rho_w = \rho_r\left[1 - \alpha_{Tw}(T - T_r) + C_{Pw}(P_w - P_{wr})\right] \tag{7-12}$$

式中, ρ_r 为参考温度 T_r 和压力 P_{wr} 下的参考毛细水密度; P_w 为孔隙液体水压力; C_{Pw} 为水的等温压缩模量。

3. 力学过程:由力学变化引起的体积变化

如 7.1 节所述,充填体中的总应变 $\boldsymbol{\varepsilon}$ 可分解为以下几种类型的应变:弹性应变 $\boldsymbol{\varepsilon}_e$、塑性应变 $\boldsymbol{\varepsilon}_p$、胶结剂水化引起的化学应变 $\boldsymbol{\varepsilon}_c$ 和温度梯度热变形引起的热应变 $\boldsymbol{\varepsilon}_T$,即

$$\boldsymbol{\varepsilon} = \boldsymbol{\varepsilon}_e + \boldsymbol{\varepsilon}_p + \boldsymbol{\varepsilon}_c + \boldsymbol{\varepsilon}_T \tag{7-13}$$

根据胡克定律,弹性应力-应变关系可以用经典形式表示为

$$d\boldsymbol{\sigma}' = \boldsymbol{D}^e d\boldsymbol{\varepsilon}_e = \boldsymbol{D}^e\left(d\boldsymbol{\varepsilon} - d\boldsymbol{\varepsilon}_p - d\boldsymbol{\varepsilon}_c - d\boldsymbol{\varepsilon}_T\right) \tag{7-14}$$

式中, $\boldsymbol{D}^e$ 为与力学性能(如弹性模量 E 和泊松比 ν)有关的切线弹性模量。Wu 等(2012)的研究给出了弹性模量和泊松比的详细预测模型。有效应力 $\boldsymbol{\sigma}'$ 可定义为

$$\boldsymbol{\sigma}' = \boldsymbol{\sigma} + \alpha_{Biot}\bar{P}\boldsymbol{\delta}_{ij}$$

$$\begin{cases} \alpha_{Biot} = 1 - K_b/K_s \\ \bar{P} = SP_w + (1-S)P_a \end{cases} \tag{7-15}$$

式中, α_{Biot} 表示 Biot 有效应力系数; $\boldsymbol{\delta}_{ij}$ 表示克罗内克张量; K_b 和 K_s 分别表示多孔介质和固相(颗粒)的体积模量,它们将随着胶结剂水化反应的进行而演变; P_w 和 P_a 分别表示孔隙液体水压力和孔隙空气压力; S 表示饱和度。

实验观察到,在静载作用下,塑性状态下充填体的力学响应以硬化/软化行为为主(Belem, 2006;Simms and Grabinsky, 2009;Ghirian, 2014),充填体(Cui and Fall, 2015a, 2015b, 2015c)的三轴实验中,体积变形在峰值应力后呈现明显的膨胀趋势。因此,提出一种弹塑性力学模型(Cui and Fall, 2015b)来描述充填体在静载条件下的力学响应。此外,对于早期充填体,由于充填体黏聚力较低,充填体结构的刚度相对较小。与此相对应的是,早期固结过程会产生塑性体积应变,并伴随着动态的充填过程。因此,有必要确定盖帽屈服面,以确保收缩塑性体积应变在早期发生。因此,双屈服面(包括剪切破坏面和椭圆帽面)用来表征充填体结构中化学应变诱导的硬化/软化和塑性体积应变发展的行为。

$$F_1 = \sqrt{J_2} + \alpha(\xi,\kappa_1)\left[I_1 - C(\xi)\right] = 0 \tag{7-16}$$

$$F_2 = \frac{4(I_1 - I_a)^2}{\left[I_b(\xi, \kappa_2) - C(\xi)\right]^2} + \frac{4\left(\sqrt{J_2}\right)^2}{\left\{\alpha(\xi, \kappa_1)\left[I_b(\xi, \kappa_2) - C(\xi)\right]\right\}^2} - 1 = 0 \tag{7-17}$$

式中，I_1 和 J_2 分别为偏应力的第一应力和第二不变量；I_a 和 $I_b(\xi, \kappa_2)$ 分别为椭圆帽面在 I_1 轴上的进入点以及椭圆帽面和 I_1 轴的交点处的 I_1 值；$\alpha(\xi, \kappa_1)$ 和 $C(\xi)$ 为材料参数；κ_1 和 κ_2 及胶结剂水化程度 ξ 为控制双屈服面演变的硬化/软化参数。对于材料参数 $\alpha(\xi, \kappa_1)$ 和 $C(\xi)$，可以用内摩擦角 $\varphi = \varphi(\xi)$ 和黏聚力 $c = c(\xi)$ 表示：

$$c(\xi) = 3c(\xi) \cdot \cot\varphi(\xi)$$

$$\alpha(\xi, \kappa_1) = \frac{2\sin\varphi(\xi)}{\sqrt{3}\left[3 + \sin\varphi(\xi)\right]} + D_1\left\{\left[1 - \exp(-D_2\kappa_1)\right] + \left[D_3\kappa_1\exp(-D_4\kappa_1)\right]\right\} \tag{7-18}$$

式中，D_1、D_2、D_3 和 D_4 为材料常数，可由单轴或三轴压缩实验数据确定。κ_1 为有效塑性应变，可定义为

$$\kappa_1 = \int \sqrt{\frac{2}{3} \mathrm{d}\varepsilon^p \mathrm{d}\varepsilon^p} \tag{7-19}$$

黏聚力和内摩擦角可由式 (7-20) 和式 (7-21) 确定。

$$c(\xi) = M_1 \xi^{M_2} \tag{7-20}$$

$$\varphi(\xi) = N_1 \xi^{N_2} + N_3 \xi \tag{7-21}$$

式中，M_1、M_2、N_1、N_2 和 N_3 为拟合参数，可由实验数据确定。根据 (Cui and Fall, 2015b) 中报道的实验数据的回归分析结果，选取 $M_1 = 478\mathrm{MPa}$，$M_2 = 3.3$，$N_1 = -176.9°$，$N_2 = 2$ 和 $N_3 = 174.2°$。

椭圆帽面（即帽屈服面的硬化/软化行为）的演化受 I_b 值的控制。由于胶结剂水化作用下固体颗粒之间逐渐形成胶结结合，各向同性屈服应力 I_b 会增大，即 I_b 应是水化程度 ξ 的函数。此外，非胶结岩土材料，如土壤，通常具有硬化/软化行为，I_b 的演化应与塑性体积应变有关，$\kappa_2 = \varepsilon_v^p$。根据 Helinski 等 (2007) 对充填体的研究结果，塑性体积应变和胶结剂水化作用对各向同性屈服应力的影响是叠加的，即

$$I_b(k_2, \xi) = I_{b1}(k_2) + I_{b2}(\xi) \tag{7-22}$$

对于塑性体积应变的影响，表示为 (Chen and Baladi, 1985)

$$I_{b1}(k_2) = -D\ln\left(1 - \frac{k_2}{\varepsilon_{\max}}\right) \tag{7-23}$$

式中，D 为在特定水化程度下的材料常数，可由固结实验或三轴压缩实验获得的实验数据确定。$\varepsilon_{\max}$ 为材料达到最大静水压力 I_b 时的最大塑性体积应变。材料在静水载荷下所能承受的最大塑性体积直接取决于充填体中的可用孔隙空间。因此，排水条件下，给定

水化程度下的最大体积塑性应变可以表示为

$$\varepsilon_{\max} = n_0 = \frac{e_0}{1+e_0} \tag{7-24}$$

式中，n_0 和 e_0 分别为指定水化程度下的初始孔隙率和孔隙比。则塑性体积应变 $\varepsilon_{\mathrm{v}}^{\mathrm{p}}$ 为

$$\varepsilon_{\mathrm{v}}^{\mathrm{p}} = k_2 = \frac{e_0}{1+e_0}\left[1-\exp(-I_{\mathrm{b1}}/D)\right] \tag{7-25}$$

因此，参数 D 可以根据不同养护时间的充填体固结实验或三轴压缩实验的实验数据进行反算。通过回归分析得出 D 与胶结剂水化程度 ξ 的关系。在本节中，提出了预测参数 $D(\xi)$ 演化的多项式方程：

$$D(\xi) = d_1\xi^3 + d_2\xi^2 + d_3\xi + d_4 \tag{7-26}$$

式中，d_1、d_2、d_3 和 d_4 为拟合参数。本节采用 Helinski 等(2007)发表的充填体固结实验测试数据进行回归分析，得到 $d_1=7.395\times10^{-5}$kPa，$d_2=-1.587\times10^{-4}$kPa，$d_3=1.117\times10^{-4}$kPa 和 $d_4=-4.28\times10^{-5}$kPa。

显然，对于由胶结剂水化反应引起的附加硬化 I_{b2}，黏结剂水化程度 ξ 和水泥掺量 C 等主导了各向同性屈服应力的演化。Helinski 等(2007)基于 Rotta 等(2003)对胶凝材料的研究，提出了表征充填体增量屈服应力的经验方程：

$$I_{\mathrm{b2}}(\xi) = A\exp\left(\frac{XC+C^{0.1}-e_0}{ZC+W}\right)\xi \tag{7-27}$$

式中，A 为与 I_{b2} 相同单位的常数；X、Z 和 W 为无量纲常数，可由各向同性或一维压缩实验的实验数据导出。根据 Helinski 等(2007)研究中的实验数据，通过回归分析得到 $A= -532.1$kPa，$X=1260$，$Z=-21.02$ 和 $W=62.89$。需要指出的是，在极早期的养护龄期之后，随着胶结剂水化作用，屈服轨迹的帽面部分将变得非常大，这与极高的静水压力条件相对应。

为了描述塑性应变方向的演变，本节采用非关联流动法则：

$$\mathrm{d}\varepsilon_{\mathrm{p}} = \mathrm{d}\lambda\frac{\partial g}{\partial\boldsymbol{\sigma}'} \tag{7-28}$$

式中，λ 为非负塑性比例系数；g 为塑性势函数。对于双屈服函数，对应的塑性势函数可表示为

$$g_1 = \frac{2\sin\psi(\xi)}{\sqrt{3}\left[3+\sin\psi(\xi)\right]}I_1 + \sqrt{J_2} \tag{7-29}$$

$$g_2 = \frac{4(I_1-I_{\mathrm{a}})^2}{\left[I_{\mathrm{b}}(\xi,\kappa_2)\right]^2} + \frac{\left(\sqrt{J_2}\right)^2}{\left\{\dfrac{\sin\psi(\xi)}{\sqrt{3}\left[3+\sin\psi(\xi)\right]}I_{\mathrm{b}}\right\}^2} - 1 = 0 \tag{7-30}$$

在塑性加载过程中，应力状态必须位于应力空间中的屈服面上，即一致性条件。

$$\mathrm{d}F(I_1,\sqrt{J_2},\xi,\kappa)=\frac{\partial F}{\partial \boldsymbol{\sigma}'}\mathrm{d}\boldsymbol{\sigma}'+\frac{\partial F}{\partial \xi}\mathrm{d}\xi+\frac{\partial F}{\partial \kappa}\mathrm{d}\boldsymbol{\kappa}=0 \tag{7-31}$$

将式(7-14)代入式(7-31)可得到塑性比例系数：

$$\mathrm{d}\lambda=\frac{1}{\dfrac{\partial g}{\partial \boldsymbol{\sigma}'}}\mathrm{d}\varepsilon+\frac{\dfrac{\partial F}{\partial \xi}}{\dfrac{\partial g}{\partial \boldsymbol{\sigma}'}\dfrac{\partial F}{\partial \boldsymbol{\sigma}'}\boldsymbol{D}^{\mathrm{e}}}\mathrm{d}\xi-\frac{1}{\dfrac{\partial g}{\partial \boldsymbol{\sigma}'}}\mathrm{d}\varepsilon_{\mathrm{c}}+\frac{\dfrac{\partial F}{\partial \boldsymbol{\kappa}}}{\dfrac{\partial g}{\partial \boldsymbol{\sigma}'}\dfrac{\partial F}{\partial \boldsymbol{\sigma}'}\boldsymbol{D}^{\mathrm{e}}}\mathrm{d}\boldsymbol{\kappa}-\frac{1}{\dfrac{\partial g}{\partial \boldsymbol{\sigma}'}}\mathrm{d}\varepsilon_T \tag{7-32}$$

因此，应力-应变关系可推导为

$$\mathrm{d}\boldsymbol{\sigma}'=\left(\boldsymbol{D}^{\mathrm{e}}-\frac{\boldsymbol{D}^{\mathrm{e}}\dfrac{\partial g}{\partial \boldsymbol{\sigma}'}\dfrac{\partial F}{\partial \boldsymbol{\sigma}'}\boldsymbol{D}^{\mathrm{e}}}{\dfrac{\partial F}{\partial \boldsymbol{\sigma}'}\boldsymbol{D}^{\mathrm{e}}\dfrac{\partial g}{\partial \boldsymbol{\sigma}'}-\dfrac{\partial F}{\partial \boldsymbol{\kappa}}\dfrac{\partial \boldsymbol{\kappa}}{\partial \boldsymbol{\varepsilon}_{\mathrm{p}}}\dfrac{\partial g}{\partial \boldsymbol{\sigma}'}}\right)(\mathrm{d}\boldsymbol{\varepsilon}-\mathrm{d}\boldsymbol{\varepsilon}_T)$$

$$-\left(\boldsymbol{D}^{\mathrm{e}}-\frac{\boldsymbol{D}^{\mathrm{e}}\dfrac{\partial g}{\partial \boldsymbol{\sigma}'}\dfrac{\partial F}{\partial \boldsymbol{\sigma}'}\boldsymbol{D}^{\mathrm{e}}}{\dfrac{\partial F}{\partial \boldsymbol{\sigma}'}\boldsymbol{D}^{\mathrm{e}}\dfrac{\partial g}{\partial \boldsymbol{\sigma}'}-\dfrac{\partial F}{\partial \boldsymbol{\kappa}}\dfrac{\partial \boldsymbol{\kappa}}{\partial \boldsymbol{\varepsilon}_{\mathrm{p}}}\dfrac{\partial g}{\partial \boldsymbol{\sigma}'}}+\frac{\boldsymbol{D}^{\mathrm{e}}\dfrac{\partial g}{\partial \boldsymbol{\sigma}'}\dfrac{\partial F}{\partial \xi}\dfrac{1}{\beta_{\mathrm{ch}}}}{\dfrac{\partial F}{\partial \boldsymbol{\sigma}'}\boldsymbol{D}^{\mathrm{e}}\dfrac{\partial g}{\partial \boldsymbol{\sigma}'}-\dfrac{\partial F}{\partial \boldsymbol{\kappa}}\dfrac{\partial \boldsymbol{\kappa}}{\partial \boldsymbol{\varepsilon}_{\mathrm{p}}}\dfrac{\partial g}{\partial \boldsymbol{\sigma}'}}\right)\mathrm{d}\boldsymbol{\varepsilon}_{\mathrm{c}} \tag{7-33}$$

4. 渗流过程：渗流引起的体积变化

根据达西定律，充填体内部渗流所引起的体积变化可表示为

$$\mathrm{d}V_{\mathrm{spi}}=-V\left(k\frac{k_{\mathrm{ri}}}{\mu_i}\nabla^2 P_i\right)\mathrm{d}t \tag{7-34}$$

式中，k 为固有渗透率；k_{ri}、μ_i 和 P_i 分别为相对于每种流体(即孔隙水和孔隙空气)的相对渗透率、流体动力黏度和孔隙流体压力。

根据固有渗透率与饱和导水率 K_{sat}(即渗透系数)的关系，固有渗透率可表示为

$$k=K_{\mathrm{sat}}\mu_i/\rho_i g \tag{7-35}$$

饱和导水率与充填体结构直接相关，即 K_{sat} 受充填体中可用孔隙空间的控制(Thomas and Sanson，1995；Fall et al.，2009)。随着水化产物的析出，微观结构会逐渐细化，即胶结剂水化对饱和导水性能的影响是通过化学反应诱导微观结构细化来实现的。因此，饱和导水性能的演化应以孔隙比的函数表示。对于饱和导水性能，Carrier 等(1983)提出了一个幂函数来表征孔隙比变化的影响：

$$K_{\mathrm{sat}}=\frac{C_{\mathrm{k}}\left[e(\boldsymbol{\sigma}',T,\xi)\right]^{D_{\mathrm{k}}}}{1+e(\boldsymbol{\sigma}',T,\xi)} \tag{7-36}$$

式中，C_k 和 D_k 为材料常数。如前文所述，孔隙比的演化受充填体中的多场性能耦合过程控制，即 $e=e(\sigma',T,\xi)$。孔隙率的控制方程将在后面推导。这两个材料常数是根据 Ghirian 和 Fall（2013a，2013b；2014）研究中的实测数据 K_{sat} 和 e 确定的：$C_k=1.963\times10^{-5}$cm/s，$D_k=12.96$，饱和导水率预测值与实测值的对比如图 7-2 所示。

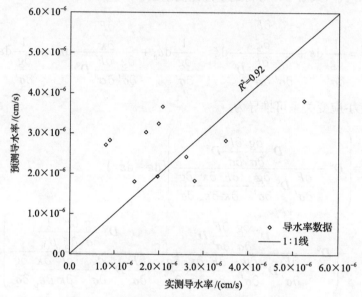

图 7-2　饱和导水率预测值与实验值对比分析

相对渗透率是有效（真）导水率与饱和导水率的比值，因此孔隙介质内部的饱和条件是相对渗透率演化的主导因素。van Genuchten（1980）和 Luckner 等（1989）在 Mualem（1976）的模型基础上，推导了相对渗透率预测模型并采用该模型进行相应研究。

$$k_{rw}\left(S_e\right) = \sqrt{S_e}\left[1-\left(1-S_e^{1/m}\right)^m\right]^2 \tag{7-37}$$

$$k_{ra}\left(S_e\right) = \sqrt{1-S_e}\left(1-S_e^{1/m}\right)^{2m} \tag{7-38}$$

式中，k_{rw} 和 k_{ra} 分别为不同文献中的相对水渗透率；S_e 为有效饱和度，可定义为 $S_e=(\theta-\theta_r)/(\theta_s-\theta_r)$；$m$ 为保水曲线（WRC）定义的材料参数。对于充填体的 WRC 表征，实验证明 van Genuchten（1980）模型能够准确预测充填体的 WRC（Abdul-Hussain and Fall，2011；Ghirian and Fall，2014）。

$$\theta = \theta_r + \frac{\theta_s-\theta_r}{\left[1+\left(\alpha P_c\right)^{\frac{1}{1-m}}\right]^m} \tag{7-39}$$

式中，θ、θ_s 和 θ_r 分别为体积含水率、饱和含水率和残余含水率；P_c 为毛细管压力；α 和 m 为与胶结剂水化程度有关的材料参数。根据 van Genuchten 模型，有效饱和度可表示为

$$S_e = \frac{1}{\left[1 + \left(\alpha P_c\right)^{\frac{1}{1-m}}\right]^m} \tag{7-40}$$

Abdul-Hussain 和 Fall (2011) 根据实测 WRC 资料，建立了残余含水率预测模型 θ_r：

$$\theta_r = R_1 \exp(-R_2 \xi) \tag{7-41}$$

式中，R_1 和 R_2 是两个二维拟合常数，根据 Abdul-Hussain 和 Fall (2011) 研究中的 WRC 实验数据，R_1 和 R_2 分别为 1.314 和 7.538。

对于式 (7-39) 式和式 (7-40) 中的 α 和 m 两个参数。对应的预测模型由 Cui 和 Fall (2015a) 定义：

$$m = f_1 \xi^{f_2} + f_3 \tag{7-42}$$

$$\alpha = f_4 \exp\left(f_5 \xi\right) \tag{7-43}$$

式中，f_1、f_2、f_3、f_4 和 f_5 为拟合常数，可由充填体的 WRC 确定。Cui 和 Fall (2015a) 提出的拟合常数值为：f_1=0.0415，f_2=4.231，f_3=0.4073，f_4=0.2103kPa^{-1} 和 f_5=−6.921。

为了描述温度对流体(孔隙水和孔隙空气)动态黏度(即 μ_w 和 μ_a)的影响，采用了 Thomas 和 Sansom (1995) 开发的孔隙水模型和基于 Sutherland 定律的孔隙空气模型来预测流体动态黏度(Pa·s)随温度(K)的演变：

$$\mu_w = 0.6612\left(T - 229\right)^{-1.562} \tag{7-44}$$

$$\mu_a = 1.716 \times 10^{-5} \left(T/273\right)^{1.5} \left[384/\left(T+111\right)\right] \tag{7-45}$$

5. 孔隙水压力演化引起的体积变化

充填体中含水率的变化引起孔隙水压力的变化，可以产生毛细水的体积变化：

$$\mathrm{d}V_{Pw} = \left(\frac{e}{1+e}\right)\frac{SV}{K_w}\mathrm{d}P_w \tag{7-46}$$

式中，S 为饱和度；V 为体积；K_w 为毛细水的体积模量：

$$K_w = \rho_w \frac{\mathrm{d}P_w}{\mathrm{d}\rho_w} \tag{7-47}$$

将式 (7-47) 代入式 (7-46) 可得

$$\mathrm{d}V_{Pw} = -\frac{e}{1+e}SV\beta_{Pw}\mathrm{d}P_w \tag{7-48}$$

式中，β_{Pw} 为水的等温压缩模量，可表示为

$$\beta_{Pw} = -\frac{1}{\rho_w}\frac{\partial \rho_w}{\partial P_w} \tag{7-49}$$

6. 孔隙空气体积变化

假设孔隙空气为理想气体，毛细管水中不发生相变。因此，气相的状态方程可以表示为

$$\mathrm{d}V_a = \frac{R\rho_a V_a}{M_a P_a - \rho_a RT}\mathrm{d}T + \frac{RTV_a}{M_a P_a - \rho_a RT}\mathrm{d}\rho_a - \frac{M_a V_a}{M_a P_a - \rho_a RT}\mathrm{d}P_a \quad (7\text{-}50)$$

式中，M_a 为空气的摩尔质量(0.029kg/mol)；R 为摩尔气体常数(8.314J/(mol·K))；ρ_a 为孔隙中空气密度；V_a 为孔隙中空气体积；P_a 为孔隙中空气压力。

7.2.2 热-水-力-化全耦合固结模型

将式(7-4)、式(7-5)、式(7-7)、式(7-8)、式(7-10)、式(7-11)、式(7-15)、式(7-34)、式(7-39)、式(7-40)、式(7-48)和式(7-49)代入式(7-1)中，可以将充填体固结方程以时间速率形式推导为

$$\left(\frac{(2v_w - v_n - v_{ab\text{-}w})R_{n\text{-}w/hc}}{(w/c)v_w + v_c + (1/C_m - 1)v_{tailings}} - \frac{\sigma + \alpha_{Biot}\left[SP_w + (1-S)P_a\right]}{E}\frac{9(1-2\nu)}{E}\frac{\partial E}{\partial \xi} + 18\frac{\partial \nu}{\partial \xi}\right.$$

$$+\left[SP_w + (1-S)P_a\right]\frac{1-2\nu}{E}\frac{\partial \alpha_{Biot}}{\partial \xi} - \alpha_{Biot}(P_a - P_w)\frac{1-2\nu}{E}\left\{\left[1-S_e(P_w,P_a,\xi)\right]\frac{\partial \theta_r}{\partial \xi} + \left(\frac{e}{1+e}-\theta_r\right)\frac{\partial S_e}{\partial \xi}\right\}\right)\frac{\partial \xi}{\partial t}$$

$$+\left[\alpha_{Biot}S\frac{1-2\nu}{E} + \frac{e}{1+e}S\beta_{Pw} - \alpha_{Biot}(P_a - P_w)\frac{1-2\nu}{E}\left(\frac{e}{1+e}-\theta_r\right)\frac{\partial S_e(P_w,P_a,\xi)}{\partial P_w}\right]\frac{\partial P_w}{\partial t}$$

$$+\frac{\partial \lambda}{\partial t}\frac{\partial g}{\partial I_1} - \frac{eSRT}{(1+e)(M_a P_a - \rho_a RT)}\frac{\partial \rho_a}{\partial t} + \frac{1-2\nu}{E}\frac{\partial \sigma}{\partial t} + k\frac{k_{rw}}{\mu_w}\nabla^2 P_w$$

$$+\left[\alpha_{Biot}(1-S)\frac{1-2\nu}{E} + \frac{eSM_a}{9(1+e)(M_a P_a - \rho_a RT)} - \alpha_{Biot}(P_a - P_w)\frac{1-2\nu}{E}\left(\frac{e}{1+e}-\theta_r\right)\frac{\partial S_e}{\partial P_a}\right]\frac{\partial P_a}{\partial t}$$

$$+\left[\alpha_{Ts} - \frac{e}{1+e}S\alpha_{Tw} - \frac{eSR\rho_a}{(1+e)(M_a P_a - \rho_a RT)}\right]\frac{\partial T}{\partial t}$$

$$=-\alpha_{Biot}(P_a - P_w)\frac{1-2\nu}{e^2(1+e)^2 E}\left[S_e e + (1+e)^2(1-S_e)\theta_r\right]\frac{\partial e}{\partial t}$$

$$(7\text{-}51)$$

式中，ν 为泊松比。

需要注意的是，由于孔隙结构随着水化产物的逐渐增加而细化，即化学反应诱导的质量源项是在固相质量守恒中，孔隙率变化的时间速率，即 $\frac{\partial e}{\partial t}$，不仅仅是由充填体的体积应变变化引起的。充填体孔隙率的演变受充填体骨架变化和固相体积变化的控制。因

此，孔隙比的控制方程可以从孔隙空间连续性导出：

$$-\mathrm{d}V_{\text{ch-s}} + \mathrm{d}V_{\text{m}} + \mathrm{d}V_{\text{Ts}} = \mathrm{d}V_{\text{v}} = \mathrm{d}\left(\frac{e}{1+e}V\right) \tag{7-52}$$

通过将式(7-4)和式(7-52)代入式(7-51)中，孔隙率的控制方程可以推导为如下的速率形式：

$$
\begin{aligned}
&\left(\left[SP_{\text{w}} + (1-S)P_{\text{a}}\right]\frac{1-2\nu}{E}\frac{\partial \alpha_{\text{Biot}}}{\partial \xi} - \frac{\left\{\sigma + \alpha_{\text{Biot}}\left[SP_{\text{w}} + (1-S)P_{\text{a}}\right]\right\}}{E}\left[\frac{9(1-2\nu)}{E}\frac{\partial E}{\partial \xi} + 18\frac{\partial \nu}{\partial \xi}\right]\right. \\
&-\alpha_{\text{Biot}}(P_{\text{a}} - P_{\text{w}})\frac{1-2\nu}{E}\left\{\left[1 - S_{\text{e}}(P_{\text{w}}, P_{\text{a}}, \xi)\right]\frac{\partial \theta_{\text{r}}}{\partial \xi} + \left(\frac{e}{1+e} - \theta_{\text{r}}\right)\frac{\partial S_{\text{e}}}{\partial \xi}\right\} \\
&\left.-\frac{(1+e)(v_{\text{n}} + v_{\text{ab-w}})R_{\text{n-w/hc}}}{(w/c)v_{\text{w}} + v_{\text{c}} + (1/C_{\text{m}} - 1)v_{\text{tailings}}} - e\alpha_{\text{c}}\right)\frac{\partial \xi}{\partial t} + \frac{1-2\nu}{E}\frac{\partial \sigma}{\partial t} \\
&+\alpha_{\text{Biot}}\frac{1-2\nu}{E}\left[S - (P_{\text{a}} - P_{\text{w}})\left(\frac{e}{1+e} - \theta_{\text{r}}\right)\frac{\partial S_{\text{e}}}{\partial P_{\text{w}}}\right]\frac{\partial P_{\text{w}}}{\partial t} + \frac{\partial \lambda}{\partial t}\frac{\partial g}{\partial I_1} + \alpha_{\text{Ts}}\frac{\partial T}{\partial t} \\
&+\alpha_{\text{Biot}}\frac{1-2\nu}{E}\left[1 - S - (P_{\text{a}} - P_{\text{w}})\left(\frac{e}{1+e} - \theta_{\text{r}}\right)\frac{\partial S_{\text{e}}}{\partial P_{\text{a}}}\right]\frac{\partial P_{\text{a}}}{\partial t} \\
&=-\left\{\frac{1}{1+e} + \alpha_{\text{Biot}}(P_{\text{a}} - P_{\text{w}})\frac{1-2\nu}{e^2(1+e)^2 E}\left[S_{\text{e}}e + (1+e)^2(1 - S_{\text{e}})\theta_{\text{r}}\right]\right\}\frac{\partial e}{\partial t}
\end{aligned}
$$

$$\tag{7-53}$$

除了充填体的固结方程，还应定义充填体固结评价参数，包括压缩系数 C_{c} 和固结系数 C_{v}。由于本节中考虑了塑性体积应变，压缩系数 C_{c} 定义为

$$C_{\text{c}} = \frac{\partial \varepsilon_{\text{v}}}{\partial \sigma'_{\text{m}}} \tag{7-54}$$

式中，ε_{v} 为体积应变；σ'_{m} 为平均有效应力。根据胡克定律和塑性流动规律，式(7-54)可改写为

$$C_{\text{c}} = \frac{3[1 - 2\nu(\xi)]}{E(\xi)} + \frac{\partial \lambda}{\partial \sigma'_{\text{m}}}\frac{\partial g}{\partial I_1} \tag{7-55}$$

式(7-55)表明充填体的压缩性与两种力学性质(泊松比和弹性模量)有关，这两种力学性质受胶结剂水化作用和塑性体积应变的影响，即压缩系数 C_{c} 将随着胶结剂水化进程和塑性应变的发展呈现明显的非线性。

考虑到充填体中孔隙水和孔隙空气的共存，固结系数 C_{v} 可表示为

$$C_{\text{v}} = \frac{K_{\text{sat}}}{C_{\text{c}}\left[S\rho_{\text{w}} + (1-S)\rho_{\text{a}}\right]g} \tag{7-56}$$

通过将式(7-36)和(7-55)代入式(7-56)中，固结系数 C_v 可定义为

$$C_v = \frac{C_k \left[e(\sigma', T, \xi) \right]^{D_k}}{\left[1 + e(\sigma', T, \xi) \right] \left[S\rho_w + (1-S)\rho_a \right] g \left\{ \dfrac{3\left[1 - 2\nu(\xi) \right]}{E(\xi)} + \dfrac{\partial \lambda}{\partial \sigma'_m} \dfrac{\partial g}{\partial I_1} \right\}} \tag{7-57}$$

为了求解控制方程，需要应用(7-51)和(7-53)的守恒方程(质量、能量和动量平衡方程)。

7.3 模 型 验 证

为了验证所建立的固结模型，利用有限元分析软件 COMSOL Multiphysics 进行了一系列的实例研究。模型结果与本节中的实验结果和报告的测量数据进行了比较。此外，通过与解析解(Gibson 解)的比较，证明了该模型的关键特性。各案例数值模拟采用的输入参数、初值和边界条件见表 7-1。

表 7-1 案例输入参数、初始值和边界条件

输入参数		案例类型			
		CUS 盒实验	高柱实验	固结实验	解析解
水泥含量/%		4.5	4.5	5	4.5
水灰比		7.6	7.4	11.7	7.6
力学模块	顶面	边界载荷	自由	边界载荷	自由
	侧面	滑移	滑移	滑移	滑移
	底面	固定	固定	固定	固定
	体积应力	重力	重力	重力	重力
渗流模块	顶面	隔水	隔水	压力为 0	压力为 0
	侧面	隔水	隔水	隔水	隔水
	底面	隔水 (不排水实验) 质量通量 (排水实验)	隔水	隔水	压力为 0
	体积应力	重力	重力	重力	重力
	初始值	0	0	0	0
传热模块	顶面/℃	22.1	23	22	22
	侧面/℃	22.1	23	22	22
	底面/℃	22.1	23	22	22
	初始温度/℃	5, 25 和 35	23	22	22

7.3.1 应力和动态热载荷作用下充填固化的固结行为

为了定量研究热-水-力-化耦合过程对充填体固化过程的影响，采用由 Ghirian 和 Fall（2013b）开发的实验室压力盒装置（CUS 盒）。CUS 盒的主要部件包括：①一个直径为 10cm、高度为 30cm 的有机玻璃圆柱体；②一个安装在圆柱体上部的轴向活塞；③带有 3 个拉杆的顶板和底板，用于固定 CUS 盒。在测试期间，在最初的 12h 内，每 3h 向样品施加 35kPa、55kPa、75kPa 和 150kPa 的压力。此后，每 24h 施加 300kPa、450kPa 和 600kPa 的压力。充填体的材料由尾矿（硅粉）、自来水（水灰比为 7.6）和 1 型硅酸盐水泥（水泥含量为 4.5%）组成。在本节中，使用了三种不同的混合材料初始温度：5℃、20℃和 35℃。此外，对于在 35℃初始温度下进行的实验，采用了排水和不排水条件。为了进行排水测试，从 CUS 盒的底部孔流出的水被收集到一个储存瓶中。使用分析天平（刻度为 0.01g 的天平）称量排水的变化，并通过高清摄像机连续记录测量数据，还计算了相应的排水质量流量，如图 7-3 所示。CUS 盒覆盖一层隔热玻璃棉毯。隔热的目的不是创造绝热固化条件，而是减缓回填材料和周围环境之间的热传递，并模拟狭窄的充填体结构和现场周围岩体之间的热传递。在矿山现场和大多数情况下，充填体被岩体包围，岩体不能很快传递热量（Wang and Fall，2014）。绝缘材料的热性能见表 7-2。

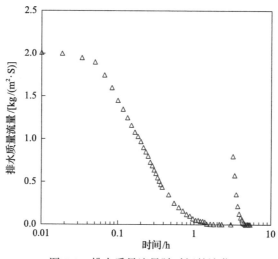

图 7-3 排水质量流量随时间的演化

表 7-2 所用绝热材料特性总结

特性	数值
热导率/(W/(m·K))	0.035
热容/(J/(kg·K))	840
密度/(kg/m³)	30

采用轴对称二维模型进行仿真，其几何模型和网格如图 7-4 所示。

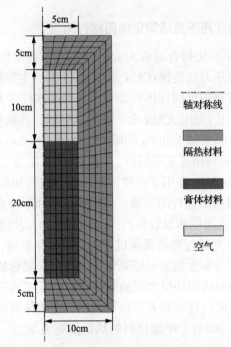

图 7-4　CUS 实验仿真模型的几何形状和网格划分

　　如图 7-5 所示，压力增大时垂直位移的大小由充填体的初始温度决定。模拟结果和实验数据均表明，充填体的沉降随初始温度的升高而增加。较高的初始温度将显著提高充填体中胶结剂的水化作用。由于自干燥（即孔隙水转变为固相，体积减小），在较高的初始温度下会发生更多的沉降。此外，为了模拟排水，将记录的水质量通量数据设置为底部排水孔的水力边界。从图 7-5 可以看出，排水条件下，大量沉降发生在很早的龄期（第 1d 内）。充填体在不排水和排水条件下的模拟结果与实测数据吻合较好。

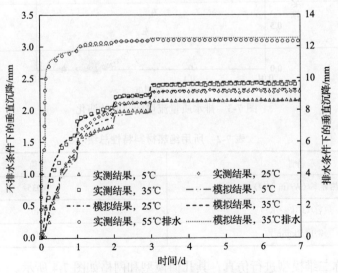

图 7-5　初始温度对充填体固结性能的影响

不同初始温度下孔隙水压力的演变如图 7-6 所示。需要指出的是，由于水势传感器的测量范围有限(−100000～−10kPa)，在养护一定时间后可采集到监测数据。从图 7-6 可以看出，充填体在较高的初始温度下固化，其负孔隙水压力较低。这是因为较高的初始温度促进胶结剂更快的水化作用，所以充填体的自干燥程度更高。在排水因素中，在不排水条件下，相同初始温度的充填体中，可监测到的实测数据出现得较早。不同初始温度和排水条件下充填体的孔隙水压力模拟结果与实验结果吻合较好。

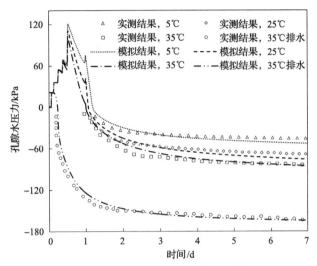

图 7-6 孔隙水压力模拟结果与实验数据的比较

对于图 7-7 所示的温度演变，需要注意的是，充填料的初始温度起主导作用。初始温度为 5℃和 35℃的实验数据呈现单调演化趋势，逐渐接近室温(22.1℃)，25℃实验数据在演化曲线上存在峰值点。对于排水测试，充填体试样浇铸后温度急剧下降，这是由孔隙水排水造成热损失。从图 7-7 中可以看出，仿真结果与实验结果吻合较好。

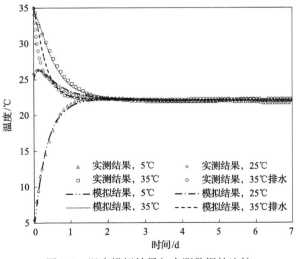

图 7-7 温度模拟结果与实测数据的比较

7.3.2 高柱实验

为了评价充填体在自重作用下的固结性能，Belem 等进行了高柱充填体固结实验。柱子三面由 PVC 材料制成，并用透明的聚碳酸酯片封闭。高柱截面为 31.5cm×30.5cm，柱高 300cm。高柱的底部是不透水的。充填料的水泥掺量、水灰比等配比参数见表 7-1。在 24h 内采用两阶段灌装策略。有关实验程序的详细信息可在 Belem 等(2006)研究中找到。以 1h 为间隔，5d 为周期，人工测量垂直位移，计算孔隙率。为了模拟两段回填，利用变形几何界面(即 COMSOL Multiphysics 的内置物理模块)模拟新鲜充填料在高柱中的放置。此外，COMSOL Multiphysics 中的自动网格划分功能被激活，该功能可以在充填体几何变形过程中保持高质量的三角形网格。

垂直位移实测数据与预测值对比如图 7-8 所示。实验数据和模拟结果均表明，充填结束后的第 1d 内，充填体发生了较大的垂直位移。这主要是由于胶结剂水化消耗孔隙水并生成相应的水化产物，导致孔隙空间减小，相应的体积发生变化(即化学收缩)。此外，孔隙水的损失会导致有效应力增加。由于胶结剂水化速率在早期相对较快，垂向沉降较大。此外，如图 7-9 所示，所提出的模型能够捕获孔隙比的实测数据。因此可以看出，在不排水条件下，化学收缩在充填体体积变化中起着至关重要的作用。实验数据与垂向沉降模拟结果吻合较好，进一步验证了模型的可预测性。

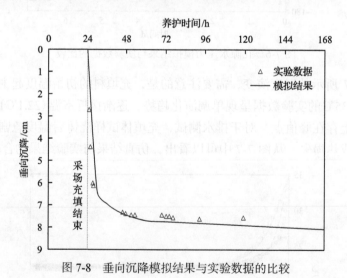

图 7-8　垂向沉降模拟结果与实验数据的比较

7.3.3 标准固结实验

在实验室中，常规的固结实验被认为是研究岩土材料(如土壤)固结特性的标准方法。Le Roux(2004)为了评估充填体的固结特性进行了一系列固结实验。采用三种修正加载速率，即应力增量时间每间隔 24min、48min、2.4h，模拟不同的充填速率。使用 Le Roux 研究中的数据进一步验证所开发的模型。本节使用的充填料配比见表 7-1。根据压力计环的几何特性，采用轴对称几何模型，其几何结构和网格划分如图 7-10 所示。

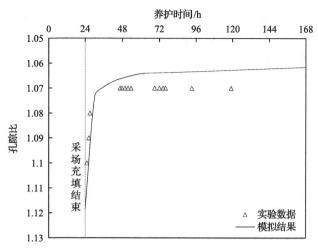

图 7-9　孔隙比模拟结果与实验数据的比较

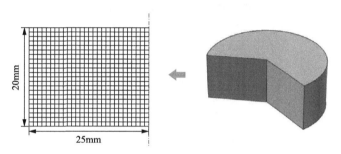

图 7-10　固结模型的几何结构和网格划分

如图 7-11 所示，归一化孔隙比相对于应力以对数标度绘制。可以观察到，模拟值与测量数据之间的一致性相当好。此外，还发现加载速率对充填体变形大小的影响十分显著。具体而言，模拟结果和实验数据都表明，加载速率较大会导致孔隙比进一步降低。相

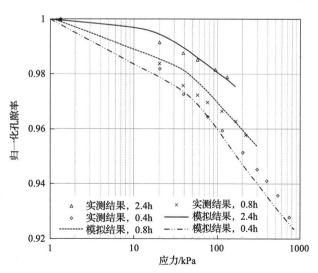

图 7-11　模拟结果与固结实验测量数据的比较

应地，在加载速率较大的条件下，充填体正常压缩线的斜率(压缩指数)变得更陡，这是因为当相同的法向应力施加到充填体上时，快速加载条件对应于短期固化条件。胶结剂水化作用与时间有关，因此短期固化将导致固体颗粒之间较低的胶结结合程度，这反过来使充填体抵抗较小的固结应力，所以快速加载条件下，充填体更容易发生变形。将模拟结果与固结实验数据进行比较，可以证实所建立的模型能够预测不同加载速率条件下(不同养护时间)充填体的固结性能。

为了研究充填体在排水条件下的现场行为，Helinski 等在 Kanowna Belle 矿进行了现场实验。在该监测方案中，在采场基座中心安装了一个压力计，以监测充填体中孔隙水压力的变化。充填策略为两阶段充填。允许通过充填挡墙进行孔隙水排水。Helinski 等(2010a，2010b)提供了充填体设计的更多细节，其几何模型和网格划分如图 7-12 所示。

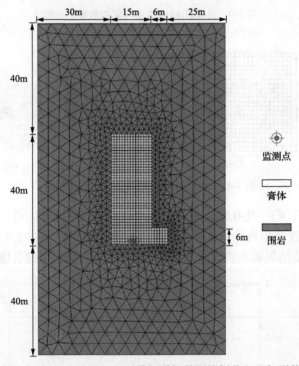

图 7-12　Kanowna Belle 矿模拟采场的网格划分和几何形状

从图 7-13 可以看出，所开发的模型能够很好地捕捉孔隙水压力的变化。其中，在充填料输送到充填区的第一阶段，随着充填连续进行，孔隙水压力逐渐增大。1.4d 后(栓塞层开始固化)，充填体中观察到孔隙水压力的消散，这归因于通过充填挡墙排水和胶结剂水化作用引起的水消耗(自干燥过程)。孔隙水压力的耗散直接有助于孔隙空间的减少，从而促进充填体的固结过程。此外，从图 7-13 可以看出，残余充填对孔隙水压力的影响很小，在第 2d 和第 3d 的中期孔隙水压力出现轻微的增加。然后，无论后续充填情况如何，孔隙水压力均减小，进而导致充填体体积变化。预测结果与现场数据吻合较好，进一步验证了所建立模型对排水条件下充填体动态充填过程的预测能力。

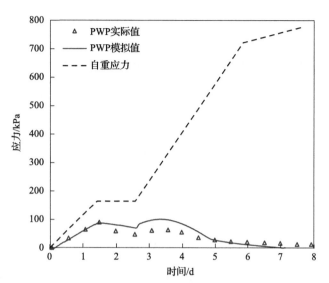

图 7-13　Kanowna Belle 矿孔隙水压力预测结果与实测值的比较

PWP-孔隙水压

参 考 文 献

Abdul-Hussain N, Fall M. 2011. Unsaturated hydraulic properties of cemented tailings backfill that contains sodium silicate[J]. Engineering Geology, 123 (4): 288-301.

Belem T, Bussière B, Benzaazoua M. 2002. The effect of microstructural evolution on the physical properties of paste backfill[C]//Tailings and Mine Waste'01. Fort Collins: CRC Press: 365-374.

Belem T, El Aatar O, Bussière B, et al. 2006. Characterization of self-weight consolidated paste backfill[C]//9th International Seminar on Paste and Thickened Tailings, Australian Centre for Geomechanics, Limerick: 333-345.

Benzaazoua M, Belem T, Yilmaz E. 2006. Novel lab tool for paste backfill[J]. Canadian Mining Journal, 127 (3): 31, 32.

Carrier W D, Bromwell L G, Somogyi F.1983. Design capacity of slurried mineral waste ponds[J]. Journal of Geotechnical Engineering, 109 (5): 699-716.

Chen W F, Baladi G Y. 1985. Soil plasticity: Theory and implementation[J]. Earth-Science Reviews,24 (3):219, 220.

Cui L, Fall M. 2015a. A coupled thermo-hydro-mechanical-chemical model for underground cemented tailings backfill[J]. Tunnelling and Underground Space Technology, 50: 396-414.

Cui L, Fall M. 2015b. An evolutive elasto-plastic model for cemented paste backfill[J]. Computers and Geotechnics, 71: 19-29.

Cui L, Fall M. 2015c. Multiphysics modelling of the behaviour of cemented tailings backfill materials[C]//International Conference on Civil, Structural and Transportation Engineering, Ottawa: 1-7.

Fall M, Adrien D, Célestin J, et al. 2009. Saturated hydraulic conductivity of cemented paste backfill[J]. Minerals Engineering, 22 (15): 1307-1317.

Fall M, Ghirian A. 2014. Coupled thermo-hydro-mechanical-chemical evolution of cemented paste backfill and implications for backfill design-experimental results[C]//Mine Fill 2014, Perth: 183-196.

Fall M, Belem T, Samb S, et al. 2007. Experimental characterization of the stress–strain behaviour of cemented paste backfill in compression[J]. Journal of Materials Science, 42 (11): 3914-3922.

Fall M, Nasir O. 2010. Mechanical behaviour of the interface between cemented tailings backfill and retaining structures under shear loads[J]. Geotechnical and Geological Engineering, 28 (6): 779-790.

Fall M, Samb S. 2009. Effect of high temperature on strength and microstructural properties of cemented paste backfill[J]. Fire Safety Journal, 44 (4): 642-651.

Fang K, Fall M, Cui L. 2021. Thermo-chemo-mechanical cohesive zone model for cemented paste backfill-rock interface[J]. Engineering Fracture Mechanics, 244 (2):107546.

Ghirian A, Fall M. 2013a. Coupled thermo-hydro-mechanical-chemical behaviour of cemented paste backfill in column experiments. Part I: Physical, hydraulic and thermal processes and characteristics[J]. Engineering Geology, 164: 195-207.

Ghirian A, Fall M. 2013b. Experimental investigations of the thermo-hydro-mechanical-chemical behavior of cemented paste backfill[C]//23rd World Mining Congress Canadian Institute of Mining, Metallurgy and Petroleum (CIM), Montreal: 378-388.

Ghirian A, Fall M. 2014. Coupled thermo-hydro-mechanical-chemical behaviour of cemented paste backfill in column experiments: Part II: Mechanical, chemical and microstructural processes and characteristics[J]. Engineering Geology, 170: 11-23.

Ghirian A, Fall M. 2015. Coupled behavior of cemented paste backfill at early ages[J]. Geotechnical and Geological Engineering, 33: 1141-1166.

Gawin D, Majorana C, Schrefler B. 1999. Numerical analysis of hydro-thermal behaviour and damage of concrete at high temperature[J]. Mechanics of Cohesive-frictional Materials, 4 (1): 37-74.

Hansen P F, Pedersen E J. 1977. Maturity computer for controlled curing and hardening of concrete[J]. Nordisk Betong, 1: 19-34.

Helinski M. 2008. Mechanics of mine backfill[D]. Crawley: University of Western Australia.

Helinski M, Fahey M, Fourie A. 2007. Numerical modeling of cemented mine backfill deposition[J]. Journal of Geotechnical and Geoenvironmental Engineering,133 (10): 1308-1319.

Helinski M, Fahey M, Fourie A. 2010a. Behavior of cemented paste backfill in two mine stopes: Measurements and modeling[J]. Journal of Geotechnical and Geoenvironmental Engineering, 137 (2): 171-182.

Helinski M, Fahey M, Fourie A. 2010b. Coupled two-dimensional finite element modelling of mine backfilling with cemented tailings[J]. Canadian Geotechnical Journal, 47 (11): 1187-1200.

Hustrulid W A, Bullock R L. 2001. Underground Mining Methods: Engineering Fundamentals and International Case Studies[M]. Englewood: Society for Mining, Metallurgy & Exploration.

Jamali M. 2013. Effect of binder content and load history on the one-dimensional compression of Williams mine cemented paste backfill[D]. Toronto: University of Toronto.

Le Roux K A. 2004. In situ properties and liquefaction potential of cemented paste backfill[D]. Toronto: University of Toronto.

Li L. 2013. Generalized solution for mining backfill design[J]. International Journal of Geomechanics, 14 (3): 1-11.

Libos I L S, Cui L. 2021. Time- and temperature-dependence of compressive and tensile behaviors of polypropylene fiber-reinforced cemented paste backfill[J]. Frontiers of Structural and Civil Engineering,15 (4):1025-1037.

Libos I L S, Cui L, Liu X R. 2021. Effect of curing temperature on time-dependent shear behavior and properties of polypropylene fiber-reinforced cemented paste backfill[J]. Construction and Building Materials, 311:125302.

Luckner L, van Genuchten M T, Nielsen D. 1989. A consistent set of parametric models for the two‐phase flow of immiscible fluids in the subsurface[J]. Water Resour Research, 25 (10): 2187-2193.

McLean J, Cui L. 2021. Multiscale geomechanical behavior of fiber-reinforced cementitious composites under cyclic loading conditions-a review[J]. Frontiers in Materials, 8: 759126.

Mualem Y. 1976. A new model for predicting the hydraulic conductivity of unsaturated porous media[J]. Water Resour Research, 12 (3): 513-522.

Neville A M, Brooks J J. 1987. Concrete Technology[M]. Harlow: Longman Scientific & Technical.

Orejarena L, Fall M. 2010. The use of artificial neural networks to predict the effect of sulphate attack on the strength of cemented paste backfill[J]. Bulletin of Engineering Geology and the Environment, 69 (4): 659-670.

Pokharel M, Fall M. 2010. Coupled thermochemical effects on the strength development of slag-paste backfill materials[J]. Journal of Materials in Civil Engineering, 23 (5): 511-525.

Pokharel M, Fall M. 2013. Combined influence of sulphate and temperature on the saturated hydraulic conductivity of hardened cemented paste backfill[J]. Cement and Concrete Composites, 38: 21-28.

Powers T C, Brownyard T L. 1947. Studies of the physical properties of hardened Portland cement paste[J]. ACI Structural Journal, 43 (9): 249-336.

Reddy J N. 2006. An Introduction to the Finite Element Method[M]. 3rd ed. New York: The McGraw-Hill.

Rotta G V, Consoli N C, Prietto P D M, et al. 2003. Isotropic yielding in an artificially cemented soil cured under stress[J]. Geotechnique, 53 (5): 493-501.

Saebimoghaddam A. 2010. Liquefaction of early age cemented paste backfill[D]. Toronto: University of Toronto.

Schindler A K, Folliard K J. 2003. Influence of supplementary cementing materials on the heat of hydration of concrete[C]//Advance in Cement and Concrete IX Conference, Copper Mountain: 17-26.

Seneviratne N H, Fahey M, Newson T A, et al. 1996. Numerical modelling of consolidation and evaporation of slurried mine tailings[J]. International Journal of Numerical and Analytical Methods in Geomechanics, 20 (9): 647-671.

Simms P, Grabinsky M. 2009. Direct measurement of matric suction in triaxial tests on early-age cemented paste backfill[J]. Canadian Geotechnical Journal, 46 (1): 93-101.

Thomas H R, Sansom M R. 1995. Fully coupled analysis of heat, moisture, and air transfer in unsaturated soil[J]. Journal of Engineering Mechanics, 121 (3): 392-405.

van Genuchten M T. 1980. A closed-form equation for predicting the hydraulic conductivity of unsaturated soils[J]. Soil Science Society of America Journal, 44 (5): 892-898.

Wang Y, Fall M. 2014. Initial temperature-dependence of strength development and self-desiccation in cemented paste backfill that contains sodium silicate[J]. Cement and Concrete Composites, 67: 101-110.

Wood D M, Doherty J P. 2014. Coupled chemical shrinkage and consolidation: Some benchmark solutions[J]. Transport Porous Media, 105 (2): 349-370.

Wu D, Fall M, Cai S J. 2012. Coupled modeling of temperature distribution and evolution in cemented tailings backfill structures that contain mineral admixtures[J]. Geotechnical and Geological Engineering, 30 (4): 935-961.

Yilmaz E, Belem T, Bussière B, et al. 2015. Curing time effect on consolidation behaviour of cemented paste backfill containing different cement types and contents[J]. Construction and Building Materials, 75: 99-111.

第8章

充填固化过程多场耦合全域数值仿真

充填体力学稳定性被认为是充填开采技术在工程实践应用中最重要的课题之一。充填体的力学性能与充填料固化过程密切相关(Fall et al., 2015)。因此, 充填体的固化过程直接影响充填开采的安全及开采效率。同时需要指出的是, 采空区充填是一个动态的过程, 并伴随着在充填体全域范围内复杂的孔隙水迁移及耗散过程。孔隙水通过充填挡墙或者围岩的节理裂隙的渗流及胶结剂水化反应等耗水过程, 引起充填体孔隙水压力的消散, 最终导致充填体有效应力和强度的变化(Cui and Fall, 2015a, 2015b)。此外, 胶结剂水化引起的化学收缩将进一步促进充填体体积变化, 从而使充填体结构致密化, 并进一步影响充填体强度的演化过程。同时由于胶结剂水化反应对温度存在较强的依赖性(Schindler and Folliard, 2003; Cui and Fall, 2015a, 2015b), 意味着在分析充填体性能时必须考虑传热和由此产生的温度变化。因此, 在充填体充填过程中及充填体充填结束后, 充填体的固结过程受充填体中复杂的多物理过程(热-水-力-化)控制。同时充填体原位尺度效应进一步加剧其固结过程的空间非均匀性。因此, 充填固化过程预测与分析要求对其全域内的多场耦合过程进行定量描述。

对孔隙介质固结过程分析和描述, 主要可采用实验分析、现场原位监测和数值仿真等三种方法。实验方法主要应用一维固结实验, 获取不同养护龄期的压缩曲线。进而分析不同养护条件对充填体固结特性的演化规律, 并结合固结过程对传统终端强度的影响, 分析充填固结对充填体稳定性的影响。虽然实验分析方法简便且易于控制特定养护条件, 但是这种方法很难模拟充填固结的原位养护条件及其空间演化。充填体原位监测还存在周期长、成本高、无预测功能等缺点。同时因只针对局部测点实施监测, 原位监测无法捕捉充填体的全域固化过程。为克服实验室测试及原位监测方法的局限, 并对充填体全域范围的多场耦合固化过程精准分析, 基于多场耦合模型的全域数值仿真成为一种有效的定量分析手段。然而, 传统的针对充填体固结的相关理论和研究, 如太沙基固结理论(Terzaghi, 1943)和 Biot 固结理论(Biot, 1955), 只关注饱和土或多孔介质中超孔隙水耗散引发的体积收缩行为(Ai and Hu, 2015; Ceccato and Simonini, 2016), 即仅聚焦于流固耦合过程的分析。这些经典理论不适用于对充填体固化过程的热-水-力-化耦合行为的评价。因此, 本章利用第 7 章已经建立和验证的多物理场固结模型来模拟充填体的全域原位固结过程。需要指出的是, 随着充填料固结的进行, 充填体内部的应力分布和应力大小会发生变化, 从而影响充填体结构的稳定性。因此, 对充填体的固结过程进行分析, 对充填体的多场性能评价和工程设计具有重要意义。本章进行了一系列数值模拟, 研究了充填体在不同条件或不同因素下的原位固结行为, 主要包括不同的养护龄期、采场几何形状、采场倾角、充填体-围岩接触面粗糙度、水泥含量、充填速率和充填策略以及排水条件等因素。

8.1　充填体固结过程多场耦合原位模拟方法

为评价充填体在不同原位条件下的固结行为，首先选取充填体几何形状、充填策略和充填速率、充填料配比以及养护条件等。对应的数值模拟都是通过修改选定采场的条件进行的。选定充填体和采场的几何形状和网格划分如图 8-1 所示。监测点分别位于距采场底板 29.5m、7m 和 0.5m 处。利用这三个监测点研究充填体固结行为随养护时间的变化规律。此外，7m 的监测点位于一次与二次充填的界面上，因此可以提供有关充填操作的有用信息，包括栓塞层的固化时间和后续填充的影响，因此该监测点被用来研究采场几何形状、岩壁粗糙度、充填料配比、充填和排水条件对固化效果的影响。

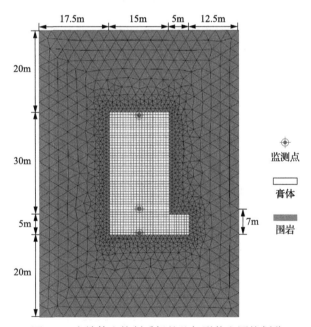

图 8-1　充填体和控制采场的几何形状和网格划分

选定采场采用分层充填作业的充填策略。充填速率设定为 0.5m/h。首层充填高度设定为 7m 并耗时 14h。首层充填完毕后，允许充填体固化 1d（即首层养护阶段），然后进行连续充填。具体充填过程如图 8-2 所示。

在充填期间和充填之后，允许通过充填挡墙排水。为了实现充填体的排水条件，在挡墙位置设定水的质量通量边界条件，并纳入水力模块，同时应用于监测点的垂直右侧。水的质量通量可以通过孔隙水密度乘以其通过充填挡墙的速度来计算，后者可用达西定律确定。数值仿真中所采用的模型参数值、初始条件和边界条件等见表 8-1。

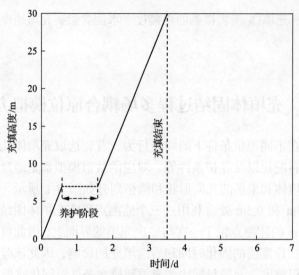

图 8-2　控制采场充填策略和充填速率

表 8-1　数值仿真模型参数值、初始条件和边界条件

输入项	参数	数值
充填体	几何形状/m	15(宽)×30(高)
	倾角/(°)	90
	水泥含量/%(质量分数)	剩余充填：4.5(60.4kg/m³) 首层充填：7(80.2kg/m³)
	水灰比	7.6
	初始孔隙比	1
	充填速率/(m/h)	0.5
	充填策略	两次充填+1 天固结养护
围岩	密度/(kg/m³)	2500
	弹性模量/GPa	30
	泊松比	0.3
	热导率/[W/(m·K)]	3.9
	热容/[J/(kg·K)]	790
力学模块	顶面	自由
	侧面	滑移
	底面	固定
	体积应力	重力
渗流模块	顶面	隔水
	侧面	隔水

续表

输入项	参数	数值
渗流模块	底面	隔水
	体积应力	重力
	初始值	水头=0
传热模块	顶面/℃	25
	侧面/℃	25
	底面/℃	25
	初始温度/℃	25

8.2　采场围岩与充填体相互作用下充填体固结过程分析

8.2.1　围岩粗糙度

采矿作业(如使用炸药)会造成粗糙岩壁的形成。而岩壁粗糙度会影响岩壁-充填体界面的行为或特性(黏聚力和内摩擦角),从而影响充填体固结过程。为了定量地描述岩壁的粗糙度,使用粗糙度指数 R_L(即沿岩壁剪切方向的实际长度与投影长度的比值)。分别选取 1(光滑岩壁)、1.5 和 2 三种不同的粗糙度指数来研究岩壁粗糙度对充填体固结性能的影响。模拟结果如图 8-3 所示。可见,岩壁粗糙度对充填固结性能有显著影响。从充填第二阶段开始,固结曲线随层数的变化更为明显。从图 8-3 中可以看出,随着岩壁粗糙度的增大,充填过程中充填体的固结程度增大,即在采场充填过程完成后,岩壁粗糙

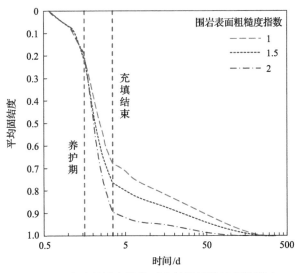

图 8-3　岩壁粗糙度指数对充填体固结过程的影响

度较大充填体的体积变化减小。这可以归因于充填体-岩壁界面具有更大的表面粗糙度（Cui and Fall，2017），从而增加了拱效应。因此，在充填后阶段，在岩壁较粗糙的采场，拱效应增大，作用于监测点的竖向应力减小，相应的体积变化减小。

8.2.2 采场几何形状

由于不同的矿体采用的回采方法不同，最终形成的采场可能在几何尺寸和倾角方面有所不同（Dirige et al.，2009；Cui and Fall，2016a，2016b）。为了研究采场几何形状对充填体固化过程的影响，本节选取高宽比不同的 3 个采场，高宽比分别设置为 1∶1（15m×15m）、2∶1（30m×15m）和 3∶1（45m×15m）开展进一步研究。图 8-4 绘制了在距采场底板 7m 的监测点处，不同高宽比条件下充填体平均固结程度的变化。可以看出，高宽比的变化对充填体的固结行为有显著影响，尤其是在充填后的阶段。具体而言，在栓塞层充填阶段，不同高宽比的固结曲线遵循相似的变化趋势，即随着填筑自重应力的增加会显著影响充填体的固结行为。然而，充填发生后，不同高宽比的充填体固结特性存在明显差异，高宽比大的采场固结速率较低。这是因为放置在更高高度的充填体对监测点施加了更多的上覆应力。因此，在充填过程中，具有较大高宽比（图 8-5）的充填体有更多的体积变化空间，这可以进一步增加充填体强度。因此，在更高的高度放置的充填体可以显著降低固结速率。因此，充填体在不同高宽比的采场表现出不同的充填后固结特性。

除了高宽比，采场倾角是影响最终充填体几何形状的另一个关键因素（Li and Aubertin，2009）。为了研究采场倾角对固结特性的影响，选择 90° 和 50° 两个采场倾角开展进一步研究。为了排除自重的影响，不同倾角的充填体均设置为充填体高度 30m，充填策略为两阶段充填，其中栓塞层固化一天后进行第二阶段充填。模拟结果如图 8-6 所示，

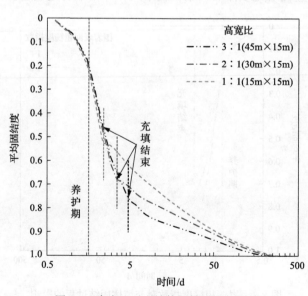

图 8-4　高宽比对充填体固结过程的影响

图 8-5 不同高宽比条件下充填体固化 7d 孔隙比分布

(a) 1：1 (15m×15m)；(b) 2：1 (30m×15m)；(c) 3：1 (45m×15m)

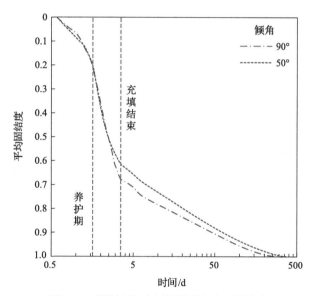

图 8-6 采场倾角对充填体固结过程的影响

表明在栓塞层固化期间和第二阶段充填的早期，这两种情况下固结的发展遵循相似的变化趋势。然而，在大约 2.75d 后，这两个充填阶段之间的固结程度差异变得越来越明显。特别是，由于倾角对充填体应力分布的影响，在倾斜采场中观察到较低的固结程度。之前对充填体的研究发现 (Cui and Fall, 2016a, 2016b; Cui and Fall, 2017)，在重力作用下，更多的上覆应力转移到下盘，倾斜采场出现非对称的应力分布和体积变化，并且随着倾角的减小而变得更加明显 (图 8-7)。此外，倾斜采场可以进一步促进拱效应 (Ting et al., 2010)。随着倾斜采场拱效应的增强，作用在监测点上的垂直应力减小。因此，倾斜充填体中的体积变化较小，这也清楚地显示在图 8-7 中。

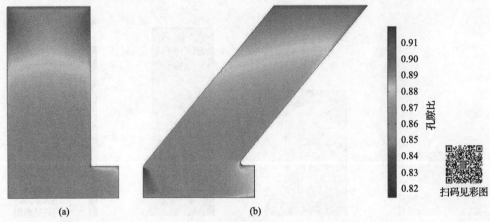

(a)　　　　　　　　　(b)

图 8-7　不同倾角的充填体在养护 7d 后孔隙比空间分布

(a) 90°；(b) 50°

8.3　充填料制备及养护对充填体固结过程的影响分析

8.3.1　充填料配比

充填料配比对充填体结构的稳定性起着关键作用。事实上，水泥成本可占充填总成本的 75%（Grice，1998；Fall et al.，2008）。换句话说，充填体结构的经济效益很大程度上取决于水泥含量。考虑到充填设计中水泥掺量的重要性，研究了水泥质量分数分别为 3%（43.9kg/m³）、4.5%（60.4kg/m³）和 7%（82.2kg/m³）三种不同掺量对充填体固结性能的影响。水泥掺量对充填体固结过程的影响如图 8-8 所示。可以看出，不同水泥掺量的充填

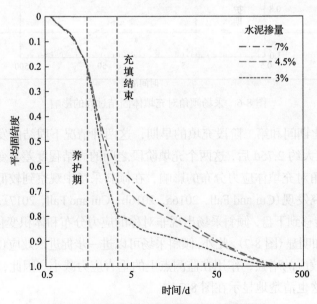

图 8-8　水泥掺量对充填体固结过程的影响

体固结行为在早期就出现了明显的差异，并随着充填和养护的进行而日益明显。具体来说，水泥掺量越少的充填体在充填结束前固结速率越快。充填完成后，水泥掺量越高的充填体固结效果越好。这是因为在充填过程中，水泥掺量越高，水泥水化产物越多，充填体的强度也会进一步增加。因此，随着水泥掺量的增加，充填体的覆盖层应力增加会导致固结程度降低。然而，充填完成后，化学收缩引起的固结可能普遍存在。结果表明，胶结剂含量较高的充填体在充填后期固结程度较高。因此，本节明确了胶结剂水化硬化、覆盖层应力和化学收缩对充填体固结行为的综合影响。

8.3.2　养护时间

随着养护时间的延长，胶结剂水化作用引起的化学收缩、充填挡墙或围岩裂隙排水及自重引起的体积变化将促进充填体固结过程。此外，由于胶结剂水化对温度的依赖性（Schindler and Folliard，2003；Cui and Fall，2015a，2015b），水化反应产生的热量及充填体与围岩之间的传热会影响化学反应速率，从而影响固结过程。因此，有必要研究养护时间对充填体固结性能的影响。图 8-9 为三种不同高度充填体的平均固化程度变化，即任意时刻竖向沉降与最终沉降之比。从图中可以看出，充填体固结过程的变化具有以下特征：①充填体具有较强的时变固结特性。固结速率（即固结曲线斜率）随时间的变化可归因于充填体的硬化过程、水化速率随时间的降低以及充填体渗透性随时间的降低。充填体的强度将通过增强尾矿颗粒之间的黏结而逐渐增加，同时胶结剂水化产物在毛细孔隙空间中沉淀（Benzaazoua et al.，2004；Cui and Fall，2016a，2016b），进而促进充填体孔隙致密化以促进充填体固结（Fall et al.，2007；Tariq，2012）。由此产生的更高强度的充填体可以抵抗更大的载荷，从而在恒定的充填速率条件下随着时间的延长降低固结速率。其次，就胶结剂水化速率的影响而言，先前对水泥材料的实验研究（Ghirian and Fall，2015；Han et al.，2016）已经发现，未水化的胶结剂表面的沉淀水化产物可以延迟水扩散

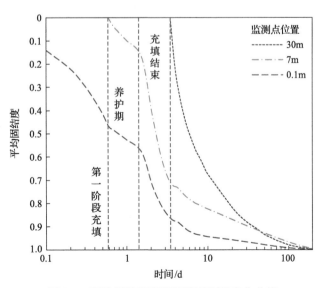

图 8-9　平均固结程度随养护时间的变化曲线

到未水化胶结剂颗粒中。因此,胶结剂水化速率将逐渐降低,从而化学收缩对固结发展的贡献逐渐减少。此外,导致固结延迟的另一个因素是,随着充填体固结的进行,充填体渗透性降低(Helinski et al.,2010),从而逐渐减少通过充填挡墙的排水量,这反过来又会延迟渗透诱发的固结。因此,充填体固结程度的变化速率随时间的延长呈递减趋势。②充填体还显示了充填阶段和栓塞层固化阶段(14~38h 的 1d 固化)之间的明显固结行为。具体来说,新的充填料输送至充填区,增加了覆盖层应力,导致充填阶段产生更大的体积变化。随着自重压力的增加,充填体变得更加坚固。③通过比较充填体三个不同高度的固结行为可以观察到,对于任何给定的充填固化时间,充填体在较高的高度变得强度更高,固结程度更高。这是因为在不同阶段进行的充填作业中,相对新鲜的充填料被倾倒在较高的高度。新鲜的充填料具有相对较低的硬度、较高的渗透性和较快的水化速率。因此,充填体呈现出空间非均匀固结过程。

为了进一步说明充填体固结过程的空间分布和发展,研究了控制采场的孔隙比变化,并在图 8-10 中显示。可以观察到,在早期给定的高度,充填体固结的发展相对均匀[图 8-10(a)]。随着时间的延长,孔隙比的不均匀分布变得明显,尤其是在岩壁附近[图 8-10(c)]。孔隙比的不均匀变化主要归因于拱效应(Yilmaz et al.,2013)。此外,图 8-10 显示,当分层进行充填时,层界面周围的孔隙比发生了重大变化。这是由于:①不同的界面性质和层界面附近不一致的固结速率(Cui and Fall,2016a,2016b);②当充填分阶段进行时,层界面周围毛细孔隙的细化程度不同。在 1d 的养护过程中,界面黏聚力和内摩擦角逐渐增大。因此,相对于第二层充填体层,第一层(栓塞层)能够在充填体和岩壁界面形成更高的抗剪阻力。水化产物的生成对孔隙率的降低也起着重要作用。与新鲜充填体层相比,栓塞层孔隙空间中会形成更多的水化产物,有助于层界面附近孔隙比的变化。此外,相对于栓塞层,胶结剂水化在较新鲜的充填体(第二层)中发生得更快,导致显著的化学收缩,从而对充填体沿层界面的固结发展贡献更大。因此,随着时间的推移,不同充填层界面附近的孔隙比变化逐渐明显。

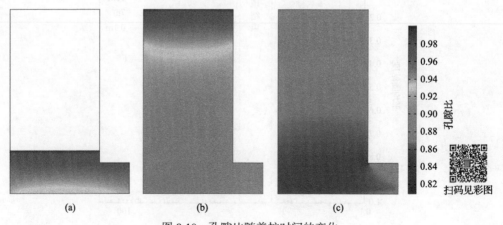

图 8-10　孔隙比随养护时间的变化

(a)14h(栓塞层完成); (b)84h(充填); (c)168h

8.4 采空区充填作业及挡墙排水对充填体固结过程的影响分析

8.4.1 充填速率

由于开采计划和进度的不同，各采场的充填速率也会有所不同。充填速率的差异影响充填作业时间，进而影响开采周期和效率（Veenstra et al., 2011；Khaldoun et al., 2016）。因此，有必要研究充填速率对充填体固结性能的影响。模拟 0.5m/h（即 12m/d）、1m/h（即 24m/d）和 2m/h（即 48m/d）的充填速率范围，模拟结果如图 8-11 所示。可以看出，充填速率对充填体固结的发展有显著影响。随着充填速率的降低，充填结束时固结程度不断增大。例如，在进行充填操作后，充填速率为 2m/h 对应的充填时间为 1.625d，1m/h 对应的充填时间为 2.25d，0.5m/h 对应的充填时间为 3.5d，不同充填速率对应的平均固结程度分别为 0.57、0.62 和 0.67。这是因为在给定充填体高度下，充填速率的降低会导致充填时间（以及固化时间）的延长。固结过程可以持续更长时间，更多水化产物的沉淀可以进一步细化孔隙空间。因此，较慢的充填速率会使充填体变得更加坚固。

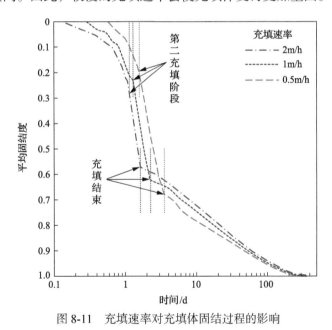

图 8-11 充填速率对充填体固结过程的影响

8.4.2 排水条件

新鲜的充填料进入采场之后，可能处于排水（Thompson et al., 2009，2012）或不排水（Suazo and Fourie，2015；Doherty et al., 2015）的条件。充填挡墙的渗水不仅引起孔隙水压力的耗散，还促进了充填体的固结。因此，对采场在排水和不排水两种情况下的充填体的固结过程进行研究（Mkadmi and Aubertin，2013）。图 8-12 绘制了监测点固结度的变化曲线。结果表明，固结特性的差异始于充填的第二阶段。随着充填操作的进行和停止（充填后阶段），排水和不排水条件的差异变得更加明显。如图 8-12 所示，不排水条件下充填体固结变化主要发生在充填第一阶段，即充填作业引起的覆盖层应力增大对不排水条件下充填体体积变化起重要作用。充填第二阶段后排水状态下固结度仅为 0.72，即充填后排水状态下充填体体积变化较大。这是由于排水可以进一步促进充填体的致密化，从而更有利于充填体结构的稳定性。

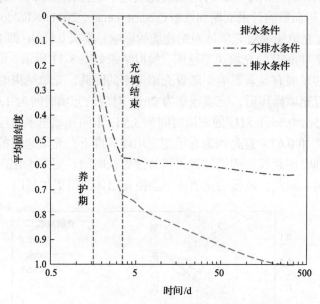

图 8-12 排水条件对充填体固结过程的影响

充填体孔隙比的空间分布如图 8-13 所示。可以看出，与不排水条件下[图 8-13(a)]相比，排水条件下[图 8-13(b)]采场的拱效应更加明显。这是因为排水条件下会发生更多的沉降。相应地，界面位移也相对较多。因此，界面阻力上会产生很大程度的剪应力，这将进一步加剧充填体的拱效应。此外，从图 8-13 可以明显看出，在排水条件下，充填

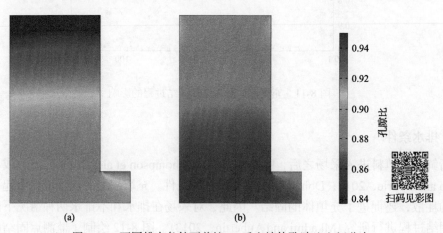

图 8-13 不同排水条件下养护 7d 后充填体孔隙比空间分布

(a)不排水；(b)排水

阶段（即距离采场底板 7m）界面周围的孔隙比发生了显著变化。这是因为在放置栓塞期间和之后，排水条件下的孔隙空间减少更多。固化 1d 后，与未排水条件下相比，栓塞层变得更硬。因此，在随后的充填结束之后，界面处的充填体刚度存在较大差异，这可能导致排水条件下相应区域的应力集中。

　　充填体固结过程多场耦合原位模拟的结果表明，充填体的原位固结行为受充填体自重、充填挡墙排水、充填体和周围环境之间的热传递引起的温度变化及胶结剂水化作用引起的化学收缩等热-水-力-化耦合过程控制。充填体的固结行为具有时间依赖性，即孔隙比随养护时间变化显著。此外，孔隙比的变化主要发生在固化早期。围岩条件，包括几何形状和岩壁粗糙度，会影响充填体的固结过程。增大岩壁-充填体界面粗糙度和减小充填体倾角有助于充填体中拱效应的发展，更有利于充填体的稳定性。水泥掺量在充填体固结过程中起着至关重要的作用。不同水泥掺量的充填体固结度在充填第二阶段的变化更为明显，表明化学收缩影响固结行为。充填速率越慢，充填体的体积变化越大，有利于其稳定性。然而，充填速率的变化影响充填作业时间，从而影响采矿周期和矿山生产效率。通过充填挡墙排水，可大幅度减小充填体孔隙空间，有利于采场支护结构和充填体的稳定性。

参 考 文 献

Ai Z Y, Hu Y D. 2015. Multi-dimensional consolidation of layered poroelastic materials with anisotropic permeability and compressible fluid and solid constituents[J]. Acta Geotechnica, 10(2): 263-273.

Benzaazoua M, Fall M, Belem T. 2004. A contribution to understanding the hardening process of cemented pastefill[J]. Minerals Engineering, 17(2): 141-152.

Biot M A. 1955. Theory of elasticity and consolidation for a porous anisotropic solid[J]. Journal of Applied Physics, 26(2): 182-185.

Ceccato F, Simonini P. 2016. Numerical study of partially drained penetration and pore pressure dissipation in piezocone test[J]. Acta Geotechnica: 1-15.

Cui L, Fall M. 2015a. Modeling and simulation of the consolidation behaviour of cemented paste backfill[C]//Comsol Conference 2015, Boston: 1-5.

Cui L, Fall M. 2015b. Multiphysics modelling of the behaviour of cemented tailings backfill materials[C]//International Conference on Civil, Structural and Transportation Engineering, Ottawa: 1-7.

Cui L, Fall M. 2016a. Mechanical and thermal properties of cemented tailings materials at early ages: Influence of initial temperature, curing stress and drainage conditions[J]. Construction and Building Materials, 125: 553-563.

Cui L, Fall M. 2016b. Multiphysics model for consolidation behaviour of cemented paste backfill[J]. International Journal of Geomechanics, 17(3): 1-6.

Cui L, Fall M. 2017. Multiphysics modeling of arching effects in fill mass[J]. Computers and Geotechnics, 83: 114-131.

Dirige A, McNearny R, Thompson D. 2009. The effect of stope inclination and wall rock roughness on back-fill free face stability[C]//The 3rd Canada-US Rock Mechanics Symposium, Toronto: 1-12.

Doherty J P, Hasan A, Suazo G H, et al. 2015. Investigation of some controllable factors that impact the stress state in cemented paste backfill[J]. Canadian Geotechnical Journal, 52(12): 1901-1912.

Fall M, Belem T, Samb S, et al. 2007. Experimental characterization of the stress-strain behaviour of cemented paste backfill in compression[J]. Journal of Materials Science, 42(11): 3914-3922.

Fall M, Benzaazoua M, Saa E. 2008. Mix proportioning of underground cemented tailings backfill[J]. Tunnelling and Underground Space Technology, 23(1): 80-90.

Fall M, Nasir O, Cui L, et al. 2015. Coupled modeling of the strength development and distribution within cemented paste backfill structure[C]//49th US Rock Mechanics/Geomechanics Symposium, San Francisco: 587-595.

Ghirian A, Fall M. 2015. Coupled behavior of cemented paste backfill at early ages[J]. Geotechnical and Geological Engineering, 33(5): 1141-1166.

Grice T. 1998. Underground mining with backfill[C]//The 2nd Annual Summit-Mine Tailings Disposal Systems, Brisbane: 234-239.

Han F, Zhang Z, Liu J, et al. 2016. Hydration kinetics of composite binder containing fly ash at different temperatures[J]. Journal of Thermal Analysis and Calorimetry, 124(3): 1691-1703.

Helinski M, Fahey M, Fourie A. 2010. Behavior of cemented paste backfill in two mine stopes: Measurements and modeling[J]. Journal of Geotechnical and Geoenvironmental Engineering, 137(2): 171-182.

Khaldoun A, Ouadif L, Baba K, et al. 2016. Valorization of mining waste and tailings through paste backfilling solution, Imiter operation, Morocco[J]. International Journal of Mining Science and Technology, 26(3): 511-516.

Li L, Aubertin M. 2009. Numerical investigation of the stress state in inclined backfilled stopes[J]. International Journal of Geomechanics, 9(2): 52-62.

Mkadmi N El, Aubertin M, Li L. 2013. Effect of drainage and sequential filling on the behavior of backfill in mine stopes[J]. Canadian Geotechnical Journal, 51(1): 1-15.

Schindler A K, Folliard K J. 2003. Influence of supplementary cementing materials on the heat of hydration of concrete[C]//Advances in Cement and Concrete IX Conference, Colorado: 17-26.

Suazo G, Fourie A. 2015. Numerical simulation of blast response of cemented paste backfills[C]//The 15th Pan-American Conference on Soil Mechanics and Geotechnical Engineering, IOS Press, Buenos Aires, Argentina: 2394-2401.

Tariq A. 2012. Synergistic and environmental benefits of using cement kiln dust with slag and fly ash in cemented paste tailings[D]. London, Canada: University of Western Ontario, 2012.

Terzaghi K. 1943. Theory of Consolidation[M]. Hoboken: John Wiley & Sons.

Thompson B, Bawden W, Grabinsky M. 2012. In situ measurements of cemented paste backfill at the Cayeli Mine[J]. Canadian Geotechnical Journal, 49(7): 755-772.

Thompson B, Grabinsky M, Bawden W, et al. 2009. In-situ measurements of cemented paste backfill in long-hole stopes[C]//The 3rd CANUS Rock Mechanics Symposium, Toronto: 197-198.

Ting C H, Shukla S K, Sivakugan N. 2010. Arching in soils applied to inclined mine stopes[J]. International Journal of Geomechanics, 11(1): 29-35.

Veenstra R, Bawden W, Grabinsky M, et al. 2011. An approach to stope scale numerical modelling of early age cemented paste backfill[C]//45th US Rock Mechanics/Geomechanics Symposium, American Rock Mechanics Association, San Francisco: 1-7.

Yilmaz E, Tikou B, Aatar O E, et al. 2013. Laboratory and in situ analysis of consolidation behaviour of cemented paste backfill[C]//23rd International Mining Congress and Exhibition of Turkey Antalya, Antalya: 1841-1850.

第9章

充填固化过程多场性能监测工程应用

前文通过自制监测实验装置开展相应的多场性能监测实验，以及开展采场充填料固化过程的数值仿真均停留在理论研究的水平，对于真实采场充填过程相关的多场性能的演化过程还不清楚，亟须开展原位监测实验，将多场性能监测理论与工程实践相结合（王勇，2017）。充填料可以通过管道泵送或者自流输送至井下。在充填作业进行之前，需要建筑充填挡墙，充填之初流动的充填料会造成挡墙失稳等潜在危险，其后果非常严重，可能造成人员和财产的巨大损失。充填挡墙的稳定性是充填作业安全实施的重要评价指标，一般来说，人们都是利用相应的工程经验设计和建筑充填挡墙，对于充填挡墙设计的经济性及安全性没有进行深入的探究，这样就会造成充填挡墙设计过于保守，或者出现充填挡墙失稳破坏等后果。但在实际充填中，由于充填料的水化作用、自干燥行为及与围岩的拱效应作用，充填挡墙所承受的压力也许要远远小于设计值。如果可以精准监测充填挡墙在充填作业及后续养护中实时的压力，同时将分阶段充填改为连续充填，这样既能保证充填挡墙的安全性，也可缩短充填时间，例如，国外某矿由分阶段充填改为连续充填之后，充填时间缩短约 20%（Grabinsky et al.，2011），大大提高了充填效率。

此外，充填体还是一种多孔介质，它的另一项重要的质量指标——渗流特性（Cihangir et al.，2012），与充填体的环境特性和耐久性都紧密相关（Fall et al.，2009）。充填料在采场内由于孔隙水渗流，充填料体积变大（与室内实验相比），由于养护温度、湿度等因素的变化，室内实验配比强度值与井下采场实际的强度值存在较大的差异。直接在井下采场取充填体试样进行强度测试的成本高、难度大、可行性较差。充填料的力学性能主要依赖于水泥水化反应，因此充填体的力学性能可以通过对充填料内部水化反应进程及水力特性演化进行监测和预判。这样，就可以对实际充填料充填体的力学性能与室内实验进行关联分析和强度表征，为矿山管理者及时调整充填材料配比、节约充填成本、提高充填效率及设计更加安全可靠的充填体具有重要的指导意义。

综上所述，对于充填料养护过程及充填过程中充填挡墙压力等进行实时监测非常重要。但是，目前对于该方面的研究或报道较少。本设计旨在提出一种采场充填料固化过程热-水-力-化多场性能工业实验监测装置及其使用方法，既可以对充填料多场性能进行监测，也可以用于充填挡墙压力监测。该装置和方法克服了传统充填体的"黑箱"养护，实现采场充填体透明养护，为提高充填结构安全和充填效率保驾护航。

具体而言，充填料在采场内多场性能的演化和耦合作用如图 9-1 所示（Belem and Benzaazoua，2004）。

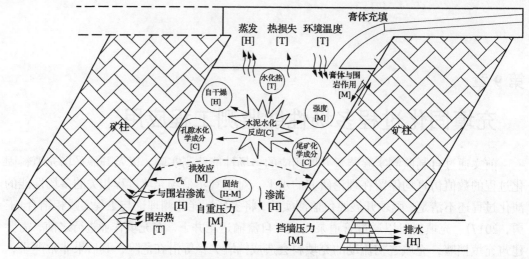

图 9-1 全尾充填料在采场内多场耦合作用示意图

本章将从实验室的充填料固化过程的监测实验进入实际采场的原位监测实验和相应的半工业实验研究。在此,作者提出一种实际采场原位多场性能监测方法,并在此监测方法的基础上,开展相应的半工业多场性能监测实验和实际采场原位多场性能监测实验研究。

9.1 充填料固化过程多场性能原位监测方法

室内实验多场性能监测的最终目的是指导实践,通过室内小型实验对充填料多场性能演化规律进行研究,可以获得基质吸力、体积含水率、电导率及强度随时间变化等规律。将实验室中的研究成果付诸工程实践,可以精确控制充填体养护时间,并对充填策略进行及时调整,在确保安全的前提下,最大限度地提高开采效率,为矿山带来可观的经济效益。因此,作者设计了一种采场充填料热-水-力-化多场性能监测装置及方法。

9.1.1 监测装置

本设计要解决的技术问题是提供一种采场充填料热-水-力-化多场性能监测装置。

该装置由监测位置控制支架、采场传感器固定装置、传感器(包括温度、体积含水率、孔隙水压力、基质吸力、电导率传感器等)、充填挡墙多场性能监测装置、防水集线管、数据采集器、计算机组成。其中,监测位置控制支架位于采场内部;采场传感器固定装置位于监测位置控制支架上方;传感器固定于采场传感器固定装置内壁;充填挡墙多场性能监测装置固定于挡墙朝向采场一侧;防水集线管包裹于各个传感器的信号线外部,并延升至上一中段或穿过充填挡墙;数据采集器放置于挡墙外部联络巷道内,与传感器连接;电脑在需要采集数据时,与数据采集器连接。

监测位置控制支架采用固定混凝土底座与金属支架共同组成,主要用来控制监测点。根据采场监测点的高度和监测位置不同，进行不同的支架固定装置设计。

采场传感器固定装置为网格状的金属框，网格为正方形，网格边长为 2～10cm，具体尺寸根据充填料的集料最大尺寸和流动性(坍落度和屈服应力)综合而定。采场传感器固定装置主要是防止充填料流动过程中对传感器的破坏和传感器位置的偏移，造成传感器失效或监测不准确等问题。

传感器可根据用途选择一种或者多种，包括温度传感器(如 MPS-2 传感器)、含水率传感器(如 5TE 传感器)、孔隙水压力传感器[如总土压力盒(TEPCs)或孔隙水压力计]、基质吸力传感器(如 MPS-2 传感器)、电导率传感器(如 5TE 传感器)等。其中温度传感器主要监测充填料养护过程中由于与围岩发生热传递、自身水化反应放热造成的温度变化；含水率、孔隙水压力传感器综合判定充填料对充填挡墙的压力作用情况，为设计合理的充填挡墙结构提供依据；基质吸力传感器实际上是负孔隙水压力，可以较好地表征充填体的力学性能，间接对充填料在采场养护过程中的强度进行表征和预测；电导率传感器可以较好地反映充填料内部离子浓度随养护时间的变化情况，对充填料养护过程中水化反应程度进行精确的监测。上述传感器对应的监测项综合构成了采场充填料热-水-力-化多场性能监测体系(即 THMC 多场性能监测)。

充填挡墙多场性能监测装置为架设在角钢上的粗铁丝网，角钢架设在挡墙上，主要对挡墙部分多场性能进行监测。各种传感器固定于粗铁丝网表面即可。

防水集线管，用来保护传感器信号线，包裹于传感器信号线外部，确保数据收集过程中信号线不被损坏。

数据采集器，主要用来收集相关监测数据，根据传感器兼容性及数量选择一个或者多个数据采集器。

计算机，需要根据传感器和数据采集器的要求，选择合适的操作系统和相关配置。主要用来对监测数据进行下载和处理。

采用上述装置进行充填体监测的具体方法如下：

(1)清理采场底部，制作混凝土固定平台，用于固定监测位置控制支架；同时将监测位置控制支架固定于挡墙内侧。

(2)制作金属固定框，将相关传感器采用采场传感器固定装置安装于金属固定框内壁；将带有传感器的金属固定框置于监测位置控制支架上方，并进行铁丝紧固，采用焊条焊接。

(3)传感器信号线采用防水集线管保护，穿过充填挡墙，与联络巷道内的数据采集器连接。

(4)开始充填时，开启数据采集器，完成数据采集器采样周期和采样频率的初始化设置，然后对相应监测数据进行采集。

(5)数据收集完毕，采用计算机对数据文件进行下载，并进行后续的数据处理和分析。

9.1.2　实施方式

为使本设计要解决的技术问题、技术方案和优点更加清楚，下面将结合附图及具体实施例进行详细描述。

本设计针对现有的充填料固化过程缺乏有效监测等问题,提供一种采场充填料热-水-力-化多场性能监测装置。

如图 9-2 所示,将监测位置控制支架 1 固定在采场底部,采场传感器固定装置 2 固定于监测位置控制支架 1 上方,传感器 3 固定于采场传感器固定装置 2 内壁,挡墙多场性能监测装置 4 固定于挡墙朝向采场一侧,防水集线管 5 包裹在各个传感器 3 的信号线外部,并延伸至上一中段,数据采集器 6 放置于上一中段联络巷道内,与传感器 3 连接,计算机 7 与数据采集器 6 连接。

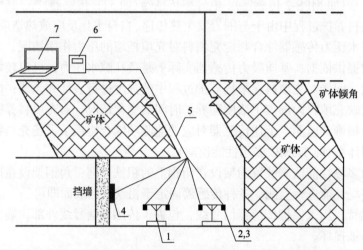

图 9-2 采场充填料多场性能监测装置的结构示意图

1-监测位置控制支架;2-采场传感器固定装置;3-传感器;4-挡墙多场性能监测装置;5-防水集线管;6-数据采集器;7-计算机

其中,监测位置控制支架 1 由混凝土底座和金属支架组成;如图 9-3 所示,采场传感器固定装置 2 为网格状的金属框,网格为正方形,网格的边长在本实施例中设计为 4cm(根据充填膏体的集料最大尺寸和流动性确定),传感器 3 根据需要选用温度传感器、含水率传感器、电导率传感器、压力传感器和湿度、基质吸力传感器,传感器 3 固定在采场传感器固定装置 2 上;如图 9-4 所示,挡墙多场性能监测装置 4 由粗铁丝网组成,其上也固定有传感器 3,粗铁丝网架设在挡墙的角钢上。用防水集线管 5 包裹在所有传感器 3 的信号线外部,连接传感器 3,传感器 3 数据由数据采集器 6 收集,适时传给计算机 7 进行分析处理。

具体操作方法如下:

(1)清理采场底部,制作混凝土固定平台,用于固定监测位置控制支架 1;同时将监测位置控制支架 1 固定于挡墙内侧。

(2)制作金属固定框,将有关传感器 3 采用采场传感器固定装置 2 安装于金属固定框内壁;将带有传感器 3 的金属固定框置于监测位置控制支架 1 上方,并进行铁丝紧固、采用焊条焊接。

(3)传感器信号线采用防水集线管 5 保护,延升至上一中段,与联络巷道内的数据采集器 6 连接。

（4）开始充填时，开启数据采集器6，对相应监测数据进行收集。

（5）数据收集完毕，采用计算机7对数据进行下载，并进行数据处理和分析。

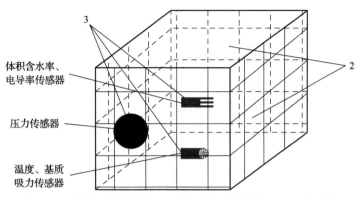

图 9-3　多场性能监测装置的采场传感器固定装置结构示意图

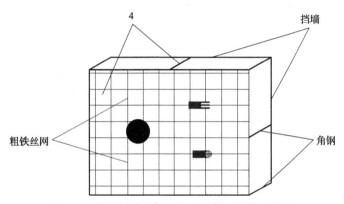

图 9-4　充填挡墙多场性能监测装置结构示意图

9.1.3　应用前景

本设计能够精确测量采场充填料温度、含水率、总孔隙水压力、基质吸力、电导率等多场性能演化，同时还可对充填挡墙压力进行监测，为充填作业的安全、经济运行提供依据。主要有以下几个优点：第一，适用于任何充填采场监测，尤其适用于高浓度或者膏体充填料多场性能监测；第二，整个监测过程采用数据采集器自动收集，最后通过计算机对监测数据下载，监测过程安全、高效；第三，可根据采场特点，灵活布置监测点位置和数量，成本可控，同时可以采集多种性能参数，各参数之间可以相互验证，确保数据可靠，可以指导现场生产。该装置具有加工简单、制作成本相对较低、操作简单、智能性高、多场性能监测指标全面等特点，可为安全、经济的充填体和挡墙设计提供依据，具有较强的理论和实用价值。同时，该充填固化过程多场性能的原位监测方法还将推广于其他黑色金属、贵金属、稀有金属、黄金、铀矿、煤矿等各种采用充填采矿法的矿山企业。

9.2 充填料固化过程多场性能监测半工业试验

根据上述充填体原位多场性能监测的相关设计及方法，结合现有的工程背景以及实验装置和材料，开展充填料固化过程的多场性能监测的半工业实验。罗河铁矿目前采用高浓度充填技术充填井下采空区，为了进一步探明充填料浆在养护过程中泌水、沉缩、固化性能等特性，在地表开展相似模拟实验，采用渗压计测量充填体在不同高度的孔隙水压力，为井下充填体固化性能的分析提供参考。

本部分研究内容主要包括充填体在不同高度的孔隙水压力和温度。

9.2.1 监测装置和方法

1. 相似模拟实验装置

相似模拟实验装置主要由监测设备和盛料箱两部分组成。

1) 监测设备

监测设备采用南京葛南实业有限公司生产的渗压计和数据采集模块，其中渗压计可测量料浆孔隙水压力和温度，该监测设备属于国产监测装置，具备价格低廉、监测性能良好的优点，工业实验和半工业实验相比室内实验是在较大尺度上进行的，由于在进行采场的工业实验或者半工业实验过程中埋设的传感器等不能取出，需要采用一些价格低廉和监测性能良好的仪器，以满足矿山正常充填固化过程的监测需求；数据采集模块可以生成数据包通过计算机导出，设备具体参数见表 9-1。

表 9-1 监测设备参数表

参数类型	土压力计	孔隙水压力计
型号	VWE-1	VWP-1
外径/mm	156	24
高度/mm	26	128
测量范围/kPa	0~300	0~1000
测量精度/kPa	0.1	0.1

其他材料包括卷尺、水桶、电子秤、玻璃胶、塑料盛料桶若干。

2) 盛料箱

(1) 前期探索性实验。

在最初的设计方案中，多场性能相似模拟实验装置示意图如图 9-5 所示。在高度为 1600mm 的箱体内三个不同高度安装渗压计，监测充填体养护过程中的孔隙水压力、泌水、沉降和温度变化，传感器数据通过数据采集器收集，并经计算机处理。装置前部的封闭门采用 6mm 厚的有机玻璃板，这样做的目的是便于观察充填体内部的变化。有机玻璃板安装好后，实验人员能够透过有机玻璃观察到料浆的液位变化。然而，随着料浆高度增加，盛料箱底部的压力过高，料浆给有机玻璃板施加了巨大的压力，当液位达到0.5m左右时，有机玻璃板在液位以下部分发生明显鼓胀，并最终破坏，并且破碎后的有机玻璃板在料浆的推动下移动到较远距离。

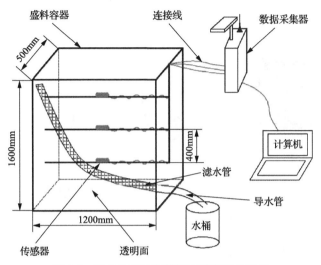

图 9-5 固化性能相似模拟实验装置示意图

(2)改进后的实验装置。

鉴于有机玻璃板无法满足高液位料浆产生的抗压要求，改进后的相似模拟装置直接选用4mm厚的钢板代替有机玻璃，并在装置底部焊接钢条，限制底部钢板向外凸起。相似模拟试验装置的设计三维图如图 9-6 所示。该装置主要由箱体和钢板门组成，钢板门可以安装在不泌水实验部分和泌水实验部分，两部分可以独立进行实验。泌水实验部分右侧下方预留有安装滤水管(盲塑管，直径100mm)的圆孔，直径为100mm。钢板门安装好后，在缝隙处涂抹玻璃胶和黄油，使其具有良好的密封性。

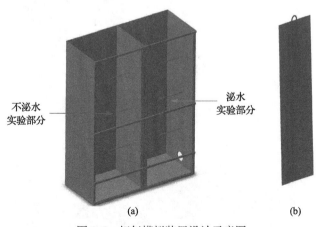

(a)   (b)

图 9-6 相似模拟装置设计示意图

(a)箱体；(b)钢板门

相似模拟装置箱体局部设计参数如图 9-7 所示。图 9-8 为正在进行泌水条件下相似模拟实验的装置实物图。可以看出，右侧钢板门已经安装在卡槽中，左侧部分仍能进行不泌水条件下的相似实验。

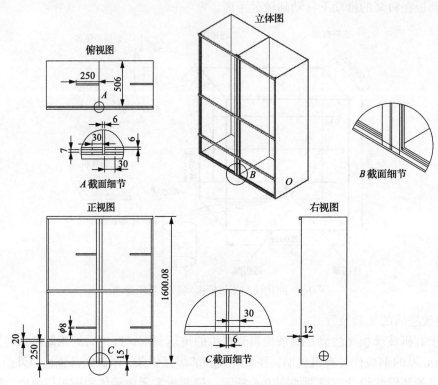

图 9-7　相似模拟装置细节放大图（单位：mm）

图 9-8　相似模拟装置实物图（正在进行泌水条件下的实验）

2. 研究方案

通过相似模拟实验装置模拟采场测量不同条件(泌水条件、不泌水条件)下,不同充填高度(0.4m、0.8m、1.2m)充填料浆孔隙水压力、温度、泌水率、沉缩率等多场性能。为了保证实验的准确性,考虑到在充填管道下料口取得的料浆浓度及灰砂比波动大、难确定等不利情况,故采用自制料浆作为实验材料,以保证实验的准确性。

尾砂取至稳定运行时的大深锥浓密机,最后配制成浓度为 68%,灰砂比为 1∶10 的充填料浆。前期准备实验如下:

首先,将原位相似模拟装置水平放置,由于先进行泌水条件下的相似模拟试验,先将渗压计安装到预定位置,连接导线。渗压计安装前应先放入盛满细沙的布袋中,并放入水中浸泡 2h。检查数据采集装置是否连接良好,并将数据采集装置连接到 12V 直流外接电源上。

其次,将滤水管安装在右侧孔中,将滤水管上端固定在箱体左侧上方,确保注入料浆的过程中滤水管不发生显著位移。滤水管为取自罗河充填站的盲塑管,滤水管安装后在表面包裹土工布。为防止滤水管与右侧孔连接处发生漏浆,先在滤水管与箱体连接处附近缠绕透明胶带,并用玻璃胶多次涂抹封堵滤水管和箱体连接处的缝隙。

最后,待料箱内部布置好后,将钢板门插入预先设置的卡槽中,为了减少钢板门缝隙处的渗水,在卡槽中涂抹足量黄油。

前期准备工作完成后开始正式实验,实验的具体步骤主要如下:

(1)测浓度:取料浆前,首先在深锥浓密机底流处用浓度壶盛满料浆,查表确定底流的质量浓度。

(2)取料浆:用塑料桶盛一定质量的料浆。

(3)称量:称量塑料桶中料浆的质量,根据质量浓度确定料浆中的尾砂质量,再根据 1∶10 的灰砂比计算出所需的胶固粉质量,同时计算出料浆制成 68%质量浓度胶结充填料浆所需的水质量。

(4)搅拌:将料浆、胶固粉、水称量好后搅拌在一起,制备成均匀的料浆。

(5)装料:将制备好的胶结充填料浆加入试验装置,直至达到预定高度。

(6)收集泌水:在滤水管底部放置托盘,收集泌出的清水,每 10min 测量一次。

(7)测量沉缩:在充填体顶部用钢卷尺测量沉缩高度,每 10min 测量一次。

(8)采集数据:渗压和温度数据采集装置每 10min 采集一次充填体内部的孔隙水压力和温度数据。

泌水和沉缩测量一般会在 24h 内完成,因为排水条件下充填体内部的水会很快排出,并且沉缩会在 24h 内结束。待 28d 孔隙水压力和温度测量结束后,取出箱体中的充填体,清理干净,在不泌水一侧重新安装传感器,安装好钢板门,再进行不泌水条件下的实验。不泌水条件实验步骤与泌水条件基本一致,只是无须加入滤水管。

9.2.2 泌水条件下相似模拟实验结果及分析

1. 泌水率

按照上述实验步骤测得泌水量和沉降测量数据见表 9-2。泌水率计算公式如下：

$$m = \frac{M_{泌水}}{\sum M_{i料浆} \times (1-c)} \times 100\% \tag{9-1}$$

式中，m 为泌水率，%；$M_{泌水}$ 为泌水质量，kg；$M_{i料浆}$ 为第 i 次制备的料浆质量，kg；c 为料浆质量浓度，%。

表 9-2　泌水条件下充填体泌水量和沉降量

序号	时间/h	累计泌水量/kg	累计泌水率/%	累计沉降高度/mm	累计沉降率/%
1	0	0	0	0	0
2	0.17	1.48	0.6	5	0.3
3	0.33	2.49	0.9	10	0.7
4	0.50	3.46	1.3	16	1.1
5	0.67	4.37	1.7	23	1.5
6	0.83	5.17	2	30	2
7	1.00	5.92	2.3	35	2.3
8	1.17	6.64	2.5	40.6	2.7
9	1.33	7.32	2.8	42.2	2.8
10	1.50	7.95	3	43.1	2.9
11	1.67	8.54	3.3	47	3.1
12	1.83	9.13	3.5	48.7	3.2
13	2.00	9.66	3.7	50.9	3.4
14	2.17	10.16	3.9	53.8	3.6
15	2.33	10.63	4.1	57.4	3.8
16	2.50	11.09	4.2	58.5	3.9
17	2.67	11.52	4.4	59.1	3.9
18	2.83	12.84	4.9	59.9	4
19	3.00	13.15	5	60.4	4
20	3.17	13.47	5.1	60.8	4.1
21	3.33	13.79	5.3	61.1	4.1
22	3.50	14.07	5.4	61.7	4.1
23	3.67	14.37	5.5	62.2	4.1
24	3.83	14.61	5.6	63.4	4.2
25	4.00	14.89	5.7	63.5	4.2
26	4.17	15.07	5.7	64	4.3
27	4.33	15.32	5.8	65	4.3
28	4.50	15.49	5.9	67	4.5

续表

序号	时间/h	累计泌水量/kg	累计泌水率/%	累计沉降高度/mm	累计沉降率/%
29	4.67	15.71	6.0	67.5	4.5
30	4.83	15.86	6.0	68	4.5
31	5.00	16.03	6.1	68.5	4.6
32	5.17	16.19	6.2	69	4.6
33	5.33	16.35	6.2	70	4.7
34	5.50	16.47	6.3	71	4.7
35	5.67	16.60	6.3	72	4.8
36	5.83	16.72	6.4	73	4.9
37	6.00	16.83	6.4	75	5
38	6.17	16.93	6.5	76	5.1
39	6.33	17.03	6.5	77	5.1
40	6.50	17.12	6.5	78	5.2
41	6.67	17.20	6.6	79	5.3
42	6.83	17.31	6.6	81	5.4
43	7.00	17.37	6.6	82	5.5
44	7.17	17.45	6.7	83	5.5
45	7.33	17.51	6.7	83	5.5
46	7.50	17.58	6.7	83	5.5
47	7.67	17.64	6.7	84	5.6
48	7.83	17.71	6.8	85	5.7
49	8.00	17.77	6.8	86	5.7
50	8.17	17.82	6.8	87	5.8
51	8.33	17.88	6.8	87	5.8
52	8.50	17.92	6.8	87	5.8
53	9.00	18.05	6.9	87	5.8
54	9.50	18.16	6.9	88	5.9
55	10.00	18.26	7.0	88	5.9
56	10.50	18.34	7.0	88	5.9
57	11.00	18.44	7.0	89	5.9
58	11.50	18.53	7.1	89	5.9
59	12.00	18.58	7.1	90	6.0
60	12.50	18.61	7.1	90	6.0
61	13.00	18.64	7.1	90	6.0
62	14.00	18.66	7.1	90	6.0
63	15.00	18.67	7.1	91	6.1
64	16.00	18.67	7.1	91	6.1
65	17.00	18.69	7.1	91	6.1
66	18.00	18.69	7.1	91	6.1

图 9-9 为累计泌水量与时间的关系曲线。可以看出，最大泌水量为 18.69kg，料浆装满时的初始含水量为 262.27kg，因而最大泌水率为 7.12%；前 4h 泌水速率逐渐增加，4h 后泌水速率的增长速率显著减小，并在 18h 左右泌水速率为 0，泌水量达到最大值不再有水泌出。这是由于刚刚倒入盛料箱后料浆处于过饱和状态，自由水较为发育，自由水沿滤水管流出，并且在充填料浆内部形成涌水通道，因此随着时间增加泌水率逐渐增加，同时也可以看出，随着养护时间的延长泌水速率总体趋势在不断降低，这是因为随着养护时间的增加，水泥水化反应对充填料浆中的自由水进行消耗，自由水含量降低，导致从滤水管中渗流出的水较少。

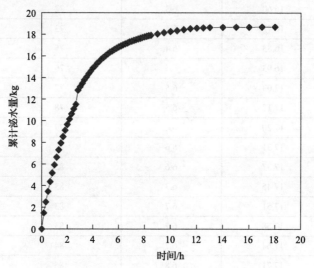

图 9-9　泌水条件下累计泌水量与时间的关系曲线

2. 沉降率

沉降率计算公式如下：

$$n = \frac{N_{液面}}{N_{初始}} \times 100\% \tag{9-2}$$

式中，n 为沉降率，%；$N_{液面}$ 为液面下降高度，cm；$N_{初始}$ 为初始液面高度，cm。绘制泥层高度与时间的关系曲线，即图 9-10。由图可以看出，随着养护时间的增加，料浆沉降逐渐变慢，最大沉缩率为 6.1%。料浆倒入盛料箱之前充填料浆呈混合均匀的浆体存在，倒入盛料箱后，尾矿颗粒在重力作用下发生沉降，有固体颗粒的下沉就有相同体积的水上升，由于自由水不断排出及水化反应的不断进行，过饱和体逐渐变为非饱和，在上部尾矿压力作用下颗粒被压得越来越密实。

3. 孔隙水压力

不同高度孔隙水压力变化曲线如图 9-11 所示。由图可知，随着料浆高度逐渐增加孔隙水压力不断增大；孔隙水压力呈现出先增大再减小最后趋近于 0 的变化趋势。孔隙水

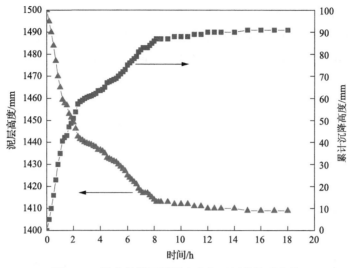

图 9-10 泌水条件下泥层高度与时间的关系曲线

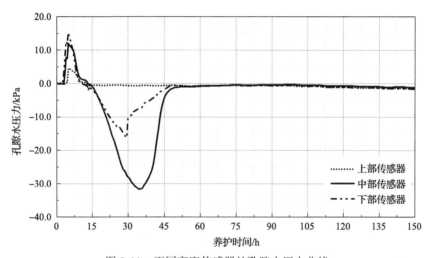

图 9-11 不同高度传感器的孔隙水压力曲线

压力与料浆高度成正比,料浆高度越高则孔隙水压力越大。加料结束时料浆高度达到最大值,随着泌水量逐渐增加,能传递孔隙水压力的自由水高度逐渐降低,所以孔隙水压力逐渐耗散;养护时间达到 8h 后,孔隙水压力变为负值,并且在 34h 时达到顶峰,这是由于水泥发生水化反应导致自由水消耗,由压力变为吸力,吸力越大表明水化反应程度越高,充填体强度越大。基于以上分析可知:采场内完善的排水设施可以有效降低料浆对底部充填挡墙的压力;根据此次实验结果和前期研究,孔隙水压力由"正"变"负"的时间节点较为关键,此时充填料逐渐失去流动性,由"流态"转变为"固态"。这对于采场中充填料"黑箱"养护过程中,判定其是否开始凝固具有重要意义。

4. 温度

不同高度料浆温度变化曲线如图 9-12 所示,随着养护时间延长,料浆温度逐渐升高，在36h时达到顶峰后又降低，最终温度稳定在31℃左右。与图9-11相对应的，料浆在34h时水泥水化反应达到顶峰，水化反应伴随发出大量热量，由此温度达到最高38.4℃。对于特定采空区，其围岩环境温度较为恒定，除了孔隙水压力的降低之外，其内部温度的急剧上升是充填料"黑箱"养护过程中另一个协同表征指标，温度上升表明水化反应剧烈，此时充填体强度快速增长。

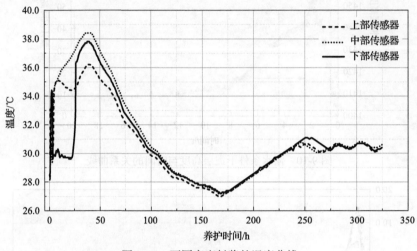

图 9-12　不同高度料浆的温度曲线

9.2.3　不泌水条件下的相似模拟实验结果及分析

1. 沉降率

根据上述实验步骤得到不泌水条件下泥层沉降数据，见表9-3。

表 9-3　不泌水条件下泥层沉降数据表

序号	养护时间/d	泥层沉降量/mm	液面沉降量/mm	泥层沉降率/%
1	0.00	7.2	0.0	0.49
2	0.01	17.3	1.0	1.17
3	0.03	26.2	2.1	1.77
4	0.04	34.5	2.4	2.33
5	0.06	40.0	2.9	2.70
6	0.07	34.3	3.3	2.32
7	0.08	43.3	3.9	2.93
8	0.10	44.9	4.1	3.04
9	0.11	46.3	4.5	3.13
10	0.13	48.2	5.0	3.26
11	0.14	52.1	5.6	3.52
12	0.15	54.7	6.6	3.69

续表

序号	养护时间/d	泥层沉降量/mm	液面沉降量/mm	泥层沉降率/%
13	0.17	59.1	6.9	3.99
14	0.18	60.5	7.0	4.09
15	0.19	61.5	7.3	4.16
16	0.21	63.2	7.5	4.27
17	0.22	63.9	7.6	4.32
18	0.24	64.9	7.9	4.39
19	0.26	65.5	8.1	4.42
20	0.28	66.7	8.9	4.51
21	0.30	68.6	10.6	4.64
22	0.32	68.2	10.1	4.61
23	0.34	68.5	10.4	4.63
24	0.36	68.8	10.6	4.65
25	0.47	67.2	11.6	4.54
26	0.55	65.7	12.6	4.44
27	0.63	65.5	13.3	4.42
28	0.72	66.0	14.6	4.46
29	0.80	67.3	15.7	4.54
30	0.97	68.1	17.3	4.60
31	1.52	62.0	19.3	4.19
32	2.08	52.5	23.3	3.55
33	2.63	52.6	28.0	3.55
34	3.19	58.7	36.4	3.97
35	3.74	63.2	42.6	4.27
36	4.30	58.8	46.2	3.97
37	4.85	58.9	49.9	3.98
38	5.41	58.9	51.3	3.98
39	5.97	58.9	53.0	3.98
40	6.52	58.9	54.6	3.98
41	7.08	58.9	56.1	3.98
42	7.63	58.9	57.2	3.98
43	8.19	58.9	57.8	3.98
44	8.74	59.1	58.5	3.99
45	9.30	59.1	58.9	3.99
46	9.85	59.1	59.2	3.99
47	10.41	59.1	59.2	3.99

绘制养护时间与泥层高度关系曲线如图 9-13 所示。由图 9-13 可知，随着养护时间的延长泥层和液面下降高度均逐渐增加；泥层最终沉降高度为 58.9mm，料浆沉降率为 3.98%。

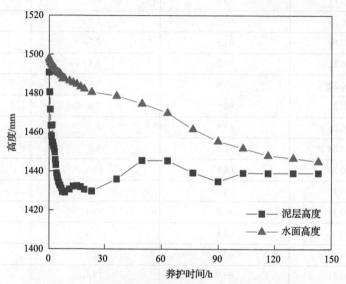

图 9-13　不泌水条件下养护时间与泥层高度关系曲线

由于内部水无法排出，上部出现一个清水层，如图 9-14 所示。养护时间为 7.6h 时，水层高度达到最大，为 58.1mm，随着养护时间的延长，水层高度逐渐减小。由上述分析可反演真实采场中，在不泌水条件下，每 1.5m 料浆最大泌出清水高度为 0.05m，若采场中一次充填高度为 1.0m，则泌出最大清水高度约为 0.03m；若采场中一次充填高度为 6.0m，则泌出最大清水高度约为 0.2m。

(a)　　　　　　　　　　　　　　　(b)

图 9-14　不泌水情况相似模拟实验

(a)加料完成；(b)养护 1d

2. 孔隙水压力和温度

通过计算机将监测数据导出绘制孔隙水压力、温度与养护时间的关系曲线如图 9-15

所示。由图可知，上、中、下部最大孔隙水压力分别为 5.1kPa、11.8kPa 和 16.7kPa，而且孔隙水压力的最大值均出现在养护的最初一段时间，这是因为此时充填料处于过饱和状态，孔隙中自由水较为发育，孔隙水压力较大。当养护时间为 14d 时出现负孔隙水压力，内部水分无法泌出导致料浆始终处于过饱和状态，内部含有大量自由水，所以 14d 前孔隙水压力始终保持正值。但是随着养护时间延长，水泥水化反应和水分蒸发作用消耗自由水，内部自由水消耗殆尽，所以孔隙水压力由正值变为负值，即由压力变为吸力。从图 9-15 中可以看到，当孔隙水压力变为负值后，位于上部的传感器最先出现负孔隙水压力，下部最慢，说明上部与外部环境相接触，蒸发作用加强，而且由于上部的水分在重力作用下不断向下部运移，导致上部自由水含量不断下降，使孔隙水压力较快地消散，所以随高度的不断下降依次出现负孔隙水压力。

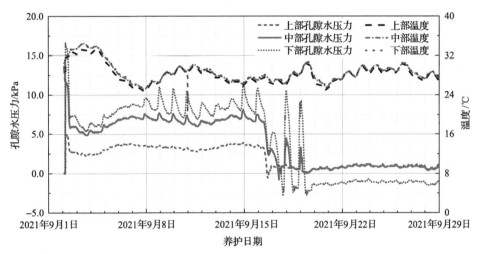

图 9-15　不泌水条件下温度与孔隙水压力变化曲线

9.2.4　泌水与不泌水条件多场性能对比研究

根据上述分析，将多场性能相似模拟实验泌水与不泌水条件做对比研究，将上、中、下孔隙水压力取平均值并绘制孔隙水压力与养护时间关系曲线。如图 9-16 所示，两种条件下最大孔隙水压力相近，说明最大孔隙水压力不受泌水条件影响，只与料浆高度有关。随着养护时间的延长，在泌水条件下，达到负孔隙水压力的时间约为 7h，不泌水条件下约需 15d，这一现象对于实际充填来讲具有很重要的指导意义，泌水效果较好，充填料流固转化时间短、凝固速度快，而不泌水或泌水效果较差时，充填料流固转化时间明显推迟，期间水分主要依靠水化反应消耗，如果水化反应无法消耗尽，则水分长期存在于充填料内部，不仅凝固速度慢，还可能导致强度达不到要求，对于二步骤开采时充填体结构具有安全隐患。在此进一步举例说明，若采场每次充填高度为 2m、每隔 24h 充填一次、连续充填 5d，即充填高度为 10m，在有滤水管且满足泌水要求时，上面无清水层且孔隙水压力可达到负值，充填体具有较高强度，分担挡墙压力；在没有滤水管的条件下，由上述实验可知，料浆高度为 10m 时可泌出 1.13m 清水层。一方面，会产生额外孔隙水压力对挡墙造成巨大压力负担；另一方面，下一次充填过程中，新鲜料浆相当于直接倒入水中将料浆浓度稀释，从而导致充填体强度大大削弱。综上所述，采场内充填体泌水条件满足与否对充填体凝固程度、采场稳定性具有较大影响。

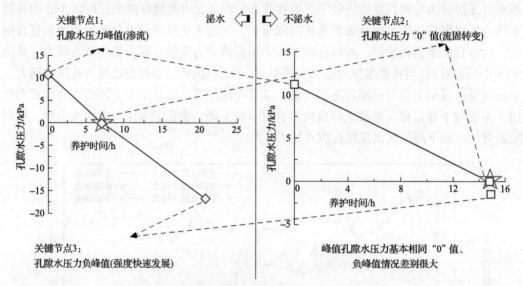

图 9-16　泌水与不泌水条件下的多场性能对比分析

9.3　真实采场充填料固化过程原位监测

尾砂料浆充填到采空区中，作业人员无法直接观察采空区内充填体的高度变化，更无法及时测量不同时间充填体的力学特性。充填过程中，充填体内部土压力、孔隙水压力和温度均随着充填高度的变化而变化，监测上述三个物理量能够及时判断采空区内的充填状态，便于及时修正充填策略。充填高度不断增加时，充填体内的土压力和孔隙水压力会相应变化。测量采场内充填料温度随着水泥水化反应及散热过程而波动，因此温度变化能够反映充填体水泥水化作用，即强度形成的过程。本节将分析充填料固化过程中土压力、孔隙水压力和温度变化规律，为充填策略的优化提供依据。

9.3.1　实验装置

固定钢架（0.4m×0.4m×0.4m）2 个、VWP-1 振弦式渗压计 2 个、VWE-1 土压力计 4 个、电缆、GDA1602（4）数据采集模块 2 个。VWE-1 土压力计最大外径 156mm，承压盘高 26mm，测量范围 0~1000kPa，分辨率为 0.025%。VWP-1 振弦式渗压计外径 24mm，长度 128mm，测量范围 0~1000kPa，分辨率为 0.025%。渗压计、土压力计及数据采集模块如图 9-17 所示。

每个固定钢架上安装 1 个渗压计和 2 个土压力计，如图 9-18 所示，土压力计分为竖直和水平两个方向。

(a)　　　　　　　　　　(b)　　　　　　　　　　(c)

图 9-17　VWP-1 振弦式渗压计(a)、VWE-1 土压力计(b)和 GDA1602(4)数据采集模块(c)

图 9-18　土压力计安装在固定钢架上

9.3.2　实验采空区

该实验在罗河铁矿 26-3 采空区进行，如图 9-19 所示。虚线范围内为 26-3 采空区。空区内部传感器安装位置靠近 30 北切割巷，数据采集模块置于其北侧柔性挡墙外的侧壁上。

土压力和孔隙水压力测量在 26-3 采空区进行，分为底板(-540 水平)和距离底板 32m(-508 水平)两个水平，每个水平设置 1 个测点，每个测点安装 2 个土压力计和 1 个孔隙水压力计，土压力计分别安装在立方体支架的顶面和侧面，分别测量垂直方向的压力和水平方向的压力。为保证传感器能正常工作，测得准确数据，用沙袋包裹传感器，并将传感器固定于固定钢架上面。需要注意的是，32m阶段处传感器需要从–508水平入口放入采空区。其安装位置如图9-20所示，每组传感器包括竖直方向土压力计1个、水平方向土压力计1个、渗压计1个。

图 9-19   26-3 采空区位置示意图

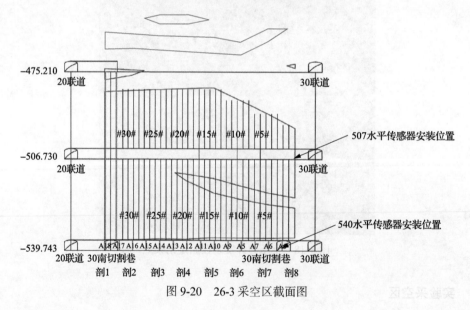

图 9-20   26-3 采空区截面图

9.3.3   实验步骤

(1)根据现场实际情况连接电缆，并将传感器、数据采集器加入测量系统，调节好测量频率及其他测量参数(此步骤在罗河铁矿充填站完成)。

(2)将传感器固定在实验采空区(26-3 采空区)，连接数据采集器(图 9-21)，并接通电源；图 9-22 为传感器安装在 26-3 采空区底部示意图。

(3)每隔 2 周下井采集一次实验数据并分析。

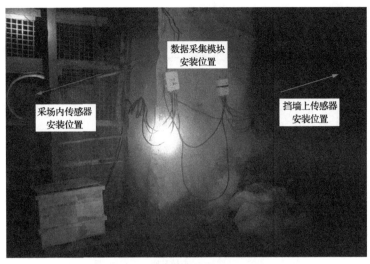

图 9-21 数据采集模块布置图

图 9-22 26-3 采空区底部传感器安装示意图

9.3.4 −540 水平内应力、孔隙水压力演化规律

经过上述实验步骤测得，随着充填高度增加，充填体内部应力和孔隙水压力变化情况如图 9-23 所示，其中①为第一阶段，即充填料浆超过−540 水平充填挡墙过程；②为第二阶段，即充填料浆超过挡墙后到达堑沟阶段；③为第三阶段，即充填料浆超过堑沟直至采场接顶。

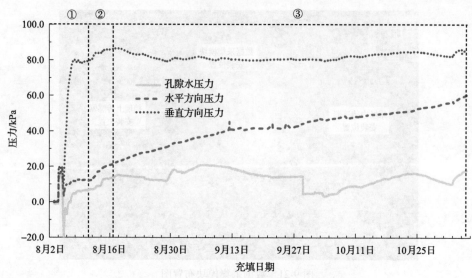

图 9-23 −540 水平内应力、孔隙水压力演化规律

1. 第一阶段

在充填至充填挡墙顶部过程中，充填体内部应力在水平和垂直两个方向均呈增加的趋势，在垂直方向上出现最大值，最大值为 81.5kPa。随着充填的高度不断增加，垂直方向上的料浆的自重产生的竖向压力不断增大。孔隙水压力在料浆刚进入采场时有一个较快的提高，后面处于小范围波动状态，这是由于新鲜料浆处于过饱和状态，自由水较为发育，孔隙水压力快速提高，后面随着水化反应进行以及上部充填料浆的自由水下移等作用，测点处的含水量维持在一个较为平衡的范围，使得孔隙水压力在较小的范围内呈现波动的状态。因此，当料浆充填高度低于挡墙时不宜连续充填过大高度，会对充填挡墙稳定性造成影响。

在充填料高度超过传感器后，孔隙水压力达到最大值，由于内部水分的泌出，孔隙水压力逐渐降低甚至达到负值，说明充填体已经凝固，水化反应消耗内部水分产生负压力。

2. 第二阶段

在充填高度超过挡墙之后，底部充填体内应力和孔隙水压力有微弱的增加，基本无变化，这是由于底部充填体凝固后，在一定范围内可以承担上部料浆压力，传递给传感器压力较小。可以推断出：超过挡墙后充填高度可以大幅提高，此刻需要考虑的是滤水管的排水能力能否满足要求。

3. 第三阶段

超过堑沟后，垂直方向压力基本保持平稳；水平方向压力从 20.8kPa 增长到 61.0kPa。

9.3.5 −540 水平温度演化规律

如图 9-24 所示，充填体内温度呈先升高后降低的趋势，在第一阶段内出现峰值，最高温度为 47.8℃，出现峰值的原因为，水泥发生水化反应放出热量，峰值的出现也可以反映出养护初期水泥水化反应较为剧烈，充填体凝固程度较高，固化速度较快。峰值过后由于与养护环境之间的热传递作用，温度逐渐降低，最后趋近于环境温度。

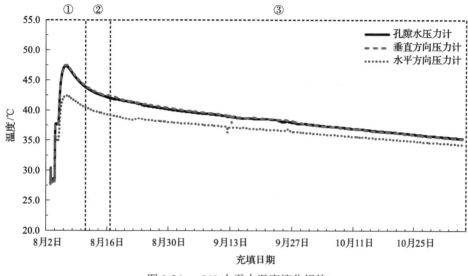

图 9-24 −540 水平内温度演化规律

9.3.6 −508 水平孔隙水压力、压应力变化规律

由图 9-25 可知，随着料浆高度增加，内部压应力逐渐增加，最大值为 103.5kPa。10月 23 日后年度检修停止充填 7d，在此过程中充填体充分凝固具有一定强度，水平方向压力逐渐减小趋近于 0。说明适当暂停充填有助于降低充填体压力，提高稳定性。

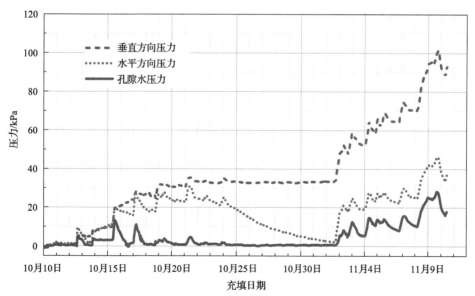

图 9-25 −508 水平内应力、孔隙水压力演化规律

9.3.7 不同泌水条件下孔隙水压力对比分析

为探究不同泌水条件下孔隙水压力变化情况，将布置一根滤水管的真实采场与地表相似模拟实验泌水条件和不泌水条件对比，孔隙水压力随养护时间变化曲线如图 9-26 所示。由图可知，泌水条件、井下真实采场、不泌水条件下孔隙水压力由峰值变为负值所需养护期分别为 8.2h、22.6h、15.2d。可以看出，泌水条件对充填料浆凝固具有重要影响，井下采场中孔隙水压力变负值所需养护期约为泌水条件的 22.6/8.2=2.76 倍；另外，泌水条件、井下采场、不泌水条件最大负孔隙水压力分别为–31.8kPa、–22.1kPa、–2.9kPa。由上述分析可知，负孔隙水压力越大代表充填料浆水化反应越激烈、凝固程度越高。由于井下泌水条件受限，故其负孔隙水压力值小于理想条件、大于不泌水条件。综上所述，井下布置一条滤水管具有一定的泌水效果，值得注意的是，在料浆高度低于挡墙时会沿挡墙上面土工布泌出一部分水，此时泌水效果为柔性挡墙与滤水管叠加效果。但当充填料浆超过挡墙后，一次充填高度增加的同时，柔性挡墙也无法发挥泌水作用，因此建议滤水管数量增加至 2 条。

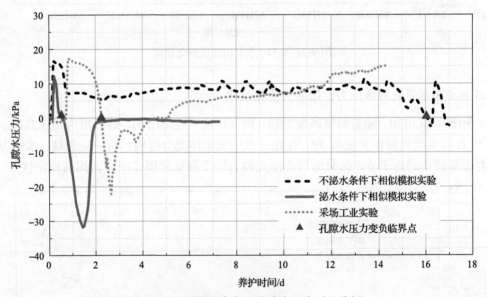

图 9-26 不同养护条件下孔隙水压力对比分析

参 考 文 献

王勇. 2017. 初温效应下膏体多场性能关联机制及力学特性[D]. 北京: 北京科技大学.

Belem T, Benzaazoua M. 2004. An overview on the use of paste backfill technology as a ground support method in cut-and-fill mines [C]// Proceedings of the 5th International Symposium on Ground Support in Mining and Underground Construction, Perth: 637-650.

Cihangir F, Ercikdi B, Kesimal A. 2012. Utilisation of alkali-activated blast furnace slag in paste backfill of high-sulphide mill tailings: Effect of binder type and dosage[J]. Minerals Engineering, 30: 33-43.

Fall M, Adrien D, Celestin J. 2009. Saturated hydraulic conductivity of cemented paste backfill[J]. Minerals Engineering, 22: 1307-1317.

Grabinsky M, Thompson B D, Bawden W F. 2011. In-situ Measurements of Paste Backfill Pressure in a narrow, dipping Stope[C]// 2011 Pan-Am CGS Conference, Toronto.

第 10 章

研 究 展 望

金属矿充填技术在我国犹如雨后春笋般快速发展，具有非常广阔的应用前景，但是其基础理论和精细化研究相对较为缺乏，金属矿充填固化过程多场性能理论的研究是推动充填理论发展的重要手段（王勇，2017）。因此，还有以下工作需要进一步研究。

10.1　金属矿充填固化理论

1. 扩大固化性能监测研究方法应用范围

本书主要针对不同初始温度效应下、不同充填料质量浓度及不同灰砂比条件下的充填料固化过程多场性能进行研究，提供多种充填固化过程多场性能监测技术和研究方法。有必要将充填固化过程多场性能研究方法推广到影响充填料固化的其他因素中去，如养护温度、高含泥充填、高含硫充填、缓凝充填、深地充填等；同时，充填固化过程多场性能研究还需进一步加入充填体沉缩性能、拱效应、应力效应、渗流离子等性能监测；同时对充填体强度演化过程的本构关系进行探究。旨在揭示和解决金属矿充填技术存在的一系列问题，完善金属矿充填固化过程多场性能的理论，推动我国充填技术发展。

2. 充填固化过程固液相变模型构建

尽管国内外已经建立了一些充填固化过程多场性能耦合模型，但是所建立多场耦合模型聚焦于固相固化过程的定量描述（Cui and Fall，2020）。对于充填固化初始阶段固液相变过程的精准预测仍然是亟待解决的工程问题，这为充填固化全过程多场性能精确模拟带来了困难。因此，需要进一步完善充填固化过程的理论研究，建立和完善充填固化过程固液相变多场耦合模型，进一步对充填固化过程多场性能进行模拟，也是下一步需要继续完成的工作。

3. 原位采场充填固化过程多场性能监测研究

本书中的相关充填固化过程的多场性能研究都是在实验室的小尺度范围内进行相似模拟真实采场的研究，缺乏对真实采场中的充填固化过程多场性能的原位实验以及相关理论的研究，实验室的相关理论与真实采场存在较大的差异，不能直接对原位采场的充填固化过程的相应现象进行解释以及修正。对实际采场来说，本书只是进行了监测方法设计，并没有在矿山进行推广应用。因此，需要将多场性能监测技术和研究方法付诸矿山实践，建立金属矿原位充填固化过程相关的理论研究，进一步完善充填固化过程的相关理论，以指导金属矿充填高效、安全和稳定地运行。

4. 开展充填固化过程多场性能多尺度理论研究

金属矿充填固化过程多场耦合作用研究需要综合考虑不同尺度充填体的条件，通过对不同尺度条件下充填体所处的多种物理场环境进行多场性能的监测以及模拟分析，从微观-细观-宏观多尺度研究多场耦合作用机理(颜丙乾等，2020)，进而完善不同尺度条件下充填固化过程多场耦合作用下的充填理论，为多场耦合作用下工程实际问题的解决提供参考。

10.2 充填固化过程性能监测衍生的充填体强度设计准则

对金属矿充填固化过程多场性能的演化规律进行研究，其最终目的是希望通过多场性能的演化规律揭示充填体强度的演化规律，通过多场性能对充填体的强度进行表征和预测，得到充填体强度-多场性能协同表征机制，进而可以通过多场性能的演化规律进行充填体强度的设计，形成一套以多场性能为基准的充填体强度设计准则。通过多场性能预测充填体强度随养护时间以及影响因素(温度、质量浓度、灰砂比等)的演化规律，并适用于不同的尾砂，对于我国海量尾砂的综合评价及利用具有重要意义，使得多场性能满足多因素多条件下复杂的充填体强度设计要求，形成完备的充填体强度设计准则，保障充填工艺和采矿作业的高效、安全进行。

10.3 充填固化过程多场性能全域数值仿真

由于诸多因素导致充填固化过程多场性能原位实验进展比较困难，不能对采场的充填体进行直接的监测与研究，数值模拟相对于原位实验来说是一种高效、安全及经济的研究手段，所以通过数值模拟对采场中的充填体进行模拟分析是一种十分有效的方法，这也是数值模拟在充填体原位多场性能研究中的一种重要的工程应用。目前，针对充填体固化过程的数值模拟分析均是对单一影响因素条件下的充填固化过程的多场性能进行研究，而且模拟的范围有限，没有对充填体的全域进行研究，因此十分有必要开展充填固化过程多场性能全域数值仿真。对于充填固化过程的多场性能数值仿真的研究还需进行以下工作。

1. 开展全域数值模拟

充填体的固化过程是多场性能共同作用的结果，目前大多数的研究还停留在实验室中，没有进行现场的原位实验，实验室与原位的多场性能监测实验均是随采场中固定位置的一个点或者几个点进行监测，忽略了对于充填体全域的多场性能演化规律的研究，所以开展充填体多场性能全域仿真模拟十分重要。同时，实验室研究与原位实验研究之间会由于尺寸效应的存在而导致偏差。而且充填体是一个完整的系统，研究的尺度范围需要从充填体系统中的每一个微元到充填体系统整体，最终要实现充填体全域的数值模拟研究。全域数值模拟有助于认清充填料固化过程中多场性能的演化规律以及相应的作用机制，对于充填体强度的设计以及充填工艺的优化具有重要意义。

2. 优化数学模型

数值模拟对于充填体原位多场性能研究是一种十分重要的研究方法，开展数值模拟的一个关键环节就是建立相应的数学模型，目前关于充填体多场性能的数学模型很少，而且相应的数学模型只对有限的研究对象使用，不能适用于整个充填体的研究范围，缺乏普适性。而且现有数学模型较为复杂，种类繁多，缺乏规范化，模型架构复杂，不够简化，所以开发相对简单、规范及适用范围广的多场性能数值模拟的数学模型十分有意义。

3. 数值分析实时可视化

充填体原位监测会输出大量的数据，而原位多场性能数值模拟又需要大量的原位监测数据进行参数优化，对于未来充填体原位多场性能的研究，可以将充填体原位监测与数值模拟进行集合，建立一套充填体原位多场性能数值分析实时可视化监测手段。具体的构想如图 10-1 所示。首先，通过一系列传感器对原位充填体进行监测，同时将检测到的数据进行实时传输，传输至计算机，计算机进行数据分析，进而确定充填体监测点位置，然后选择相应的数学模型进行模拟分析。既实现了充填体全域的数值模拟，还可以查看实时的可视化数值模型(三维甚至四维可视化模型)，实现对充填体原位多场性能的数值分析实时可视化监测和研究，进而通过数值模拟的结果预测充填体多场性能的发展趋势及强度的发展趋势，对于充填体的设计具有重要意义。

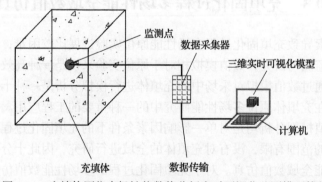

图 10-1　充填体原位多场性能数值分析实时可视化监测模型构想

10.4　基于多场性能演化的充填体安全预警技术

当前，我国金属矿的平均开采深度正以 10～30m/a 的速度增加，我国正在向着"深地"迈进，井下的地应力也在不断增大，金属矿的深部开采面临着较大的困难(Pathegama et al.，2017；谢和平等，2018；吴爱祥等，2021)。充填采矿技术对于深部开采具有重要的技术优势，可以有效地控制地应力，其中充填体在这方面具有极其重要的地位。随着开采深度的不断增加，对于充填体的强度的要求也在不断提高，充填体强度的优劣直接影响采矿作业是否能够安全进行。所以，对充填体进行实时的安全预警监测对于采矿作业的安全十分重要。

充填固化过程中多场性能与充填体的强度演化有密切的联系，通过对充填固化过程多场性能进行监测，将多场性能监测得到的数据进行分析，然后反馈充填体强度的演化规律，进而可以有效预测充填体强度，从而实现充填体强度的安全预警。例如，从前面的研究中发现，不同的影响因素条件下，温度、基质吸力、体积含水率和电导率等多场性能中，基质吸力与充填体强度之间的联系最为紧密，因此可以通过基质吸力的演化规律来预测充填体强度，从而实现基于基质吸力的充填体强度安全预警监测。多场性能(基质吸力、温度、体积含水率、电导率)等对于充填体强度来说是一个联合作用的整体，需要综合考虑，建立多场性能-充填体强度安全预警监测系统，实现对于采场充填体强度的安全监测，保障采矿作业安全、高效地进行。

10.5 多场性能监测传感器自主化和无线化

充填固化过程多场性能监测需要借助传感器等元器件进行监测，目前所使用的传感器大多是都是有线的，不能自主，需要借助第三方软件以及计算机等设备对其进行调试和设置，这样的过程过于复杂，会对监测过程的稳定性以及准确性产生影响。所以，实现多场性能监测传感器的自主化以及无线化是从根本上简化监测技术，提高监测技术稳定性和准确度的有效手段。

传感器自主监测以及无线化可以实现对充填固化过程多场性能的远程监测，不需要传统的定时定点对传感器进行数据读取以及设置调试等工作，大大减少了工作量，同时对原位监测来说，监测技术人员不必进入采场进行数据采集工作，提高了监测工作的安全性和效率。未来，充填固化过程多场性能监测技术所用传感器的自主化以及无线化将是一种重要的发展趋势，这也将是智能矿山的建设的一个重要技术手段。

10.6 多场性能监测工程化应用推广

目前，针对固化过程多场性能的监测技术及研究方法主要还停留在实验室的水平上，在工程实践方面比较欠缺，因此急需将多场性能监测技术进行工程实践，在矿山充填领域、土木工程领域及混凝土等工程领域开展相关的应用和研究。本书针对金属矿充填固化过程提出了多种多场性能的监测手段和方法，这些监测技术不仅适用于金属矿山，还可以应用于其他领域，如土木工程领域、混凝土工程领域及各种需要水泥基材料的工程领域。本书的监测技术和研究方法针对的是水泥基材料，其中胶凝材料水泥在多场性能的演化过程中起着决定性作用，水泥水化作用生成水化产物，使得充填体的强度不断提高，同时对于与水泥有相同特性的胶凝材料，如粉煤灰、硅灰等胶凝材料的固化过程也可以用同样的多场性能监测技术和研究方法开展研究。

1. 矿山充填领域

本书提出的多场性能监测技术和研究方法主要是基于矿山充填领域提出的，由于开采深度的不断增加、开采安全要求的不断提高及环境保护的要求，我国的矿山开采逐渐由传统的以破坏环境为代价的开采方法转变为绿色、安全、高效的充填采矿方法。其中，充填体的自立能力在充填采矿方面扮演着十分重要的角色，目前针对充填体强度的研究方法主要集中在对某一特定养护龄期的充填体试块进行单轴抗压强度测试，这种方式忽略了充填固化过程多场性能的演化过程，只是用终端强度来表示充填体的强度，因此需要将多场性能监测技术及其研究方法推广到矿山的应用实践中，旨在更好地指导矿山的安全、高效作业。

2. 土木工程领域

土木工程对水泥基材料的需求是极大的，不同的工程环境均需要水泥基材料使其达到工程设计要求。水泥基材料的强度对工程来说是一个十分重要的指标，对水泥基材料固化过程多场性能进行研究是十分必要的，这对于认清水泥基材料固化过程多场性能对强度的影响规律具有重要作用，进而可以促进工程技术的不断发展，满足工程设计的要求。

3. 混凝土领域

混凝土是基建工程所需的重要原材料，混凝土性能的优劣决定工程的耐久性以及安全性。目前，针对混凝土新材料的研发层出不穷，都在寻找一种高性能同时价格低廉的新型混凝土材料，可见混凝土在工程领域的重要性。无论是混凝土应用于工程中还是针对混凝土的新材料研发领域，混凝土都面临着固化过程的多场性能演化的研究热点，混凝土是水泥基材料，其不可避免在固化过程中也是热-水-力-化多场性能共同作用的结果。所以，将多场性能监测技术和研究方法推广到混凝土领域具有重要意义。

参 考 文 献

王勇. 2017. 初温效应下膏体多场性能关联机制及力学特性[D]. 北京: 北京科技大学.

吴爱祥, 王勇, 张敏哲, 等. 2021. 金属矿山地下开采关键技术新进展与展望[J]. 金属矿山, (1): 1-13.

谢和平, 王金华, 鞠杨. 2018. 煤炭革命的战略与方向[M]. 北京: 科学出版社.

颜丙乾, 任奋华, 蔡美峰, 等. 2020. THMC 多场耦合作用下岩石物理力学性能与本构模型研究综述[J]. 工程科学学报, 42(11): 1389-1399.

Cui L, Fall M. 2020. Numerical simulation of consolidation behavior of large hydrating fill mass[J]. International Journal of Concrete Structures and Materials, 14(23): 1-16.

Ranjith P G, Zhao J. 2017. Opportunities and challenges in deep mining: A brief review[J]. Engineering, 3(4): 250-261.